山地输油管道弥合水击仿真及防治技术

李　旺　陈小华　张思杨　谢建宇　等编

U0272409

石油工业出版社

内 容 提 要

本书从山地输油管道生产实际中所涉及的弥合水击问题出发，结合国家管网西南管道公司山地输油管道弥合水击研究与实践成果，系统介绍山地输油管道弥合水击分析方法与防治措施。主要内容包括山地输油管道气液相转变模型、山地输油管道运行工艺参数分布规律、山地输油管道弥合水击模型与分析、山地输油管道弥合水击防治等。

本书可供从事管道输送工作的科研人员、技术人员、管理人员参考使用，也可供高等院校相关专业教师、学生参考阅读。

图书在版编目（CIP）数据

山地输油管道弥合水击仿真及防治技术 / 李旺等编.
—北京：石油工业出版社，2022.8
ISBN 978-7-5183-5539-6

Ⅰ.①山… Ⅱ.①李… Ⅲ.①山地-输油管道-水击
控制 Ⅳ.①TE973.4

中国版本图书馆CIP数据核字（2022）第146088号

出版发行：石油工业出版社
　　　　　（北京安定门外安华里 2 区 1 号楼　100011）
　　　网　　址：www.petropub.com
　　　编 辑 部：（010）64523687　图书营销中心：（010）64523633
经　　销：全国新华书店
印　　刷：北京中石油彩色印刷有限责任公司

2022 年 8 月第 1 版　2022 年 8 月第 1 次印刷
787×1092 毫米　开本：1/16　印张：8.5
字数：179 千字

定　价：45.00 元

《山地输油管道弥合水击仿真及防治技术》

编 写 组

组　　长：李　旺

副组长：陈小华　张思杨　谢建宇

成　　员：梁　俊　李长俊　朱建平　贾文龙

　　　　　何　杰　任虹宇　马剑林　仇柏林

　　　　　张志坚　王　硕　陈洪兵　左汝宽

　　　　　韩　雷　裴　斌　李　毅　罗　杰

　　　　　李　霖　徐德腾　夏　季

前　　言

　　中缅原油管道于 2010 年开工建设，2017 年 5 月投运，是我国四大战略油气进口通道之一。管道国内段全长 1631km，管径设计尺寸为 610 ~ 813mm，最大设计输量为 2300×10⁴t/a，设计压力为 4.9 ~ 15.0MPa。原油管道全线采用常温、密闭输送工艺，主要输送沙特轻质原油、沙特中质原油、科威特原油，伊朗重质原油作为备用油品。管道国内段处于我国西南山地地区，地形起伏剧烈，沿线有多处大落差段，其中怒江跨越段最大落差接近 1500m。在如此巨大的落差下，泵站突然停运、阀门紧急关断等工况容易诱发弥合水击，危害管道安全。

　　在大落差输油管道中，管道在正常运行条件下局部高点压力处于较低值，当发生泵站停运、阀门关断等不稳定流动工况时，产生的减压波容易导致局部高点压力降低至油品饱和蒸气压，产生蒸气空泡。一旦空泡发生溃灭，空泡两端的液柱将会重新弥合，产生巨大的水击压力，这种现象称为弥合水击。弥合水击导致管内压力骤然升高，甚至有可能引发爆管事故。例如，日本的 Oigawa 水电站由于快速关阀，低压导致大量空穴在管道产生，空穴溃灭后引发的管道破裂事故导致了三名工人死亡；我国的某输气管道也在试压排水过程中，由于弥合水击，连续两次出现了排水爆管事故。

　　本书针对山地输油管道弥合水击的仿真与防治，结合国家管网西南管道公司多年以来山地输油管道弥合水击理论研究与实践成果，提出了一套具有山地输油管道特色的弥合水击仿真与防治技术。以中缅原油管道为研究对象，详细阐述了油品气液相转变理论、山地输油管道运行工艺参数分布规律、弥合水击数学模型与数值求解、弥合水击防治措施，助力山地输油管道安全运行。

　　真诚希望本书成果能为我国类似的大落差输油管道安全运行提供借鉴。由于编者水平有限，书中不妥之处在所难免，恳请读者批评指正。

目　录

1 山地输油管道弥合水击概述

截至 2021 年，我国的输油管道总长度超过了 6.5×10^4 km，预计到 2025 年，总里程将达 7.7×10^4 km。其中，有一部分输油管道处于我国地形起伏变化剧烈、落差大的西部山地地区。输油管道正常运行时，在大落差管段处呈现出局部高点压力较低、局部低点压力很高的特点。一旦发生泵站突然停运、阀门紧急关断等工况，大落差管段高点处压力容易降至油品饱和蒸气压，油品发生相变，产生蒸气空穴，隔断液体的连续性，出现液柱分离[1]。当管道局部高点处聚集的蒸气空穴，受到增压波的扰动后，将会发生溃灭。空穴两端的液柱重新弥合，产生极高的水击压力，形成弥合水击。弥合水击产生的高压将会严重影响管道的运行安全，甚至可能出现爆管事故，造成经济损失、环境破坏，给管道运行管理工作者带来巨大的挑战性。

为此，需要进行山地输油管道弥合水击仿真技术的研究。通过弥合水击仿真，可以判断输油管道在停泵、关阀等特殊工况下是否会发生弥合水击以及弥合水击产生的压力，进而分析弥合水击对管道产生的影响，以供管道运行管理人员提前制订有关弥合水击防护措施，保障输油管道的运行安全。

1.1 我国典型的山地输油管道

1.1.1 中缅原油管道

中缅原油管道工程（国内段）包括 1 干线 1 支线。干线从云南省瑞丽市 58 号界碑入境，与中缅天然气管道干线并行，经德宏州、保山市、大理市、楚雄市、昆明市、曲靖市，在贵州省安顺市油气管道分离，原油管道向北经贵阳市、遵义市，到达重庆市。管道线路走向如图 1.1 所示。

中缅原油管道工程（国内段）一期工程瑞丽—禄丰段线路长度为 600.924km，管径为 813mm，设计压力为 4.9 ~ 15.0MPa；全线采用 X70 级钢管；安宁支线为 42.99km，管径为 610mm，设计压力为 9.0 ~ 10.5MPa，采用 X65 级钢。

原油管道拟分两期建设：

一期（2013.12.30）：建设瑞丽—禄丰干线管道以及安宁支线，输量为 1300×10^4 t/a；二期（2018.1）：瑞丽—禄丰增输至设计输量为 2300×10^4 t/a；安宁支线设计输量为 1300×10^4 t/a。

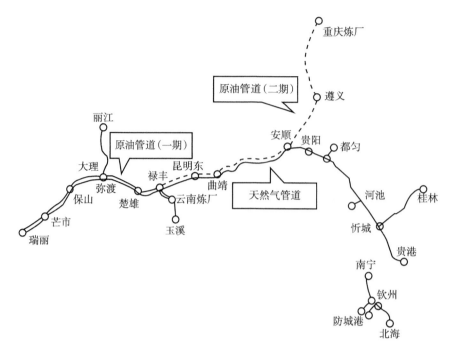

图 1.1　中缅原油管道线路走向示意图

禄丰—重庆段（二期）线路长度为 1025.2km；管径为 D610mm/D559mm，设计压力为 6.6～14.4MPa，全线采用 X70 级钢管。干线设置工艺站场 12 座，其中一期 6 座（5 座泵站、1 座分输站）；二期新增 6 座站场（3 座泵站、2 座减压站、1 座重庆末站）；支线站场 1 座（安宁末站）。

管道二期建设瑞丽—禄丰干线管道以及安宁支线，共设有工艺站场 7 座，分别为瑞丽泵站、芒市泵站、龙陵泵站（二期设增压）、保山泵站、弥渡泵站、禄丰分输泵站（二期设增压）、安宁末站（支线末站）。

管道沿线各站场名称、具体功能及其他相关信息见表 1.1。

表 1.1　管道沿线工艺站场设置及功能

序号	站名		里程（km）	高程（m）	功能	合建情况
1	干线站场	瑞丽泵站	4	747	清管、计量、增压	与输气管道瑞丽分输压气站合建
2		芒市泵站	107	885	转球、增压	与输气管道芒市分输清管站合建
3		龙陵泵站	153	1860	转球、增压（二期）	与输气管道龙陵分输站合建
4		保山泵站	248	1665	清管、增压	与输气管道保山分输压气站合建
5		弥渡泵站	402	1774	清管、增压	与输气管道弥渡分输清管站合建
6		禄丰分输泵站	600	1636	分输、清管、增压（二期）	与输气管道禄丰分输清管站合建
7	支线站场	安宁末站	43	1925	清管、计量	与输气管道昆明西分输清管站合建

各站场主要的设备类型及相关设备信息见表1.2。

表1.2 主要站场设备

站场名称	泵类型	流量（m³/h）	扬程（m）	电动机功率（kW）	数量（台）	安装方式	运行方式
瑞丽泵站	给油泵	1080	120	—	3	并联	2用1备
	倒罐泵	1080	120	—	1	并联	
	输油主泵	1800	220	2100	5	串联	4用1备
芒市泵站	输油主泵	1800	220	2100	5	串联	4用1备
保山泵站	输油主泵	1800	220	2100	5	串联	4用1备
弥渡泵站	输油主泵	1800	220	2100	2	串联	1用1备

管道沿线一期共设有线路截断阀室34座。其中监控阀室12座，单向阀室11座，手动阀室11座（含支线阀室1座）。各线路阀室的位置及类型见表1.3。

（1）监控阀室。

监控阀室线路截断阀采用电液联动球阀，可由调度中心远控；阀门上、下游设有就地压力、温度表和压力、温度传感器。

（2）单向阀室。

单向阀室单向阀采用低摩阻旋启式单向阀，阀门上、下游设有就地压力表。

（3）手动阀室。

手动阀室采用球阀，阀门上、下游设有就地压力表。

表1.3 工艺站场和线路阀室分布表

线路	编号	阀室类型	里程（km）	高程（m）	与输油管道阀室合建的气阀室	备注
干线	I101	手动	22	785	01I001	一期
	E102	监控	44	775	01E002	一期，阴极保护站
	J103	单向	46	785		一期
	I104	手动	61	890	01I003	一期
	I105	手动	86	800	01I004	一期
	E106	监控	119	910	01E005	一期，阴极保护站
	J107	单向	143	1300		一期
	E108	监控	165	1850	01E007	一期
	I109	手动	184	1820		一期
	E109A	监控	185	1050		一期
	E110	监控	195	710	01E008	一期，阴极保护站

续表

线路	编号	阀室类型	里程（km）	高程（m）	与输油管道阀室合建的气阀室	备注
干线	J111	单向	197	860		一期
	J112	单向	201	1640		一期
	I113	手动	216	1570		一期
	J114	单向	261	2010		一期
	I115	手动	270	2045		一期
	E116	监控	274	1460	01E012	一期，阴极保护站
	J117	单向、监控	278	1370		一期
	I118	手动	304	1580		一期
	I119	手动	327	1810	01I014	一期
	E119A	监控	343	1544		一期
	E120	监控	35.18	1460	01E015	一期，阴极保护站
	J121	单向	354	1380		一期
	J122	单向	361	1790		一期
	J123	单向、监控	388	1990		一期
	E124	监控	412	1810		一期，阴极保护站
	I125	手动	444	2050		一期
	J126	单向	459	2170		一期
	E127	监控	482	2310		一期，阴极保护站
	J128	单向	514	1950	01E020	一期
	E129	监控	535	1855	01E021	一期
	E130	监控	553	1840		一期，阴极保护站
	I131	手动	584	1770	01I022	一期
支线	I201	手动	24	1858	03I001	一期

中缅原油管道主要输送沙特轻质原油、沙特中质原油、科威特原油，伊朗重质原油作为备用油品。油品物性详见表 1.4。

表 1.4　油品物性参数

原油名称		科威特原油	沙特轻质原油	沙特中质原油	伊朗重质原油
20℃密度（g/cm³）		0.8665	0.8565	0.8664	0.8711
运动黏度（mm²/s）	10℃	—	—		28.4
	20℃	—	—	15.15	18.22
	40℃	—	—		9.26
	50℃	6.965	6.964	6.935	—
	80℃	4.525	3.199		—

原油名称		科威特原油	沙特轻质原油	沙特中质原油	伊朗重质原油
凝点（℃）		−22	<−37	−31	—
倾点（℃）		—	—	—	−19
康氏残炭质量分数（%）		5.81	4.65	6.10	6.17
硫质量分数（%）		2.85	2.07	2.64	1.77
氮质量分数（%）		0.13	0.11	0.12	0.22
水质量分数（%）			痕迹	痕迹	痕迹
盐含量（mgNaCl/L）		2.2	17.8	14.6	10
酸值（mgKOH/g）		0.07	0.03	0.12	0.216
灰分质量分数（%）		0.018	0.020	0.011	0.0298
胶质质量分数（%）		9.2	6.1	9.1	—
沥青质质量分数（%）		1.8	1.5	2.0	3.0
蜡质量分数（%）		3.8	4.5	3.5	10.7
金属含量（mg/kg）	Fe	0.92	0.52	1.13	9.1
	Ni	9.91	5.24	12.19	28
	Cu	0.01	0.04	0.04	—
	V	31.4	18.12	39.12	100
	Pb	0.12	0.10	0.06	2.5
	Na		0.51	0.96	7.9

经资料调研，管道所经地区主要气象数据见表 1.5。

表 1.5 管道所经主要地区气温数据（近 10 年）

行政区划	极端最高气温（℃）	极端最低气温（℃）	最冷月平均气温（℃）	最热月平均气温（℃）	年平均气温（℃）
瑞丽市	36.4	1.4	13.0	24.6	20.3
芒市	36.2	−0.6	12.3	24.1	19.6
龙陵县	36.2	−0.6	12.3	24.1	19.6
保山市	32.4	−3.8	8.5	21.3	15.9
弥渡县	34.5	−5.9	9.4	22.1	16.6
禄丰县	34.0	−5.5	8.4	20.8	16.1
安宁市	30.9	−3.5	8.1	20.5	16.2

中缅管道工程埋深按 1.2m 设计。管道所经地区主要地温数据见表 1.6。

表 1.6　管道埋深处（1.2m）地温

行政区划	月平均最低地温（℃）	月平均最高地温（℃）
瑞丽市	21.4	25.4
芒市	21.3	24.2
龙陵县	21.3	24.2
保山市	16.4	21.8
弥渡县	15.5	19.0
禄丰县	14.8	18.3
安宁市	14.8	18.3

1.1.2　兰成渝成品油管道

兰成渝（兰州—成都—重庆）成品油管道于 1998 年开始建设，2002 年 10 月建成投产，是当时我国建成投产的第一条大口径、长距离、高压力、多分输点的成品油顺序输送管道。兰成渝成品油管道全长 1250km，其中兰州—成都段 881km，最大落差达 2255m，全线最高设计压力为 14.76MPa。兰成渝成品油管道设计输量为 500×10^4t/a，成都—重庆段设计输送能力为 250×10^4t/a。兰成渝成品油管道落差大，沿线地形变化复杂，压力高并且为变设计压力。管道为顺序输送、集中分输的工艺，且输油的计划根据实际的市场情况实时调整。管道全线共设有 14 座工艺站场，其中陇西站、成县站、广元站、绵阳站、德阳站、彭州站、简阳站、隆昌站、永川站为分输站，临洮站、江油站、成都站、资阳站、内江站为输油泵站。管道顺序输送 0 号柴油、90 号汽油和 93 号汽油。

由于沿途地形标高变化很大，各点的压力相差也很大，如山顶地段，管道内压很小，而在山谷地段，海拔高度低，相对高差引起的静压大，管道内压很高。管道翻山越岭，工作压力频繁变化，因而为保证经济，又满足管道强度及稳定性要求，管道壁厚必须按工艺水力计算的结果，分段取壁厚。壁厚按照 GB 50253—2014《输油管道工程设计规范》中的钢管壁厚公式计算得出。其中设计压力为管线在水投产条件下，考虑输油时水击和不同工况的影响后各段的最高操作压力，设计系数按规范要求取，即一般线路段取 0.72，大中河流型穿跨越、铁路穿越、高速公路及一级、二级公路穿越取 0.6。管道高程、里程如图 1.2 所示。

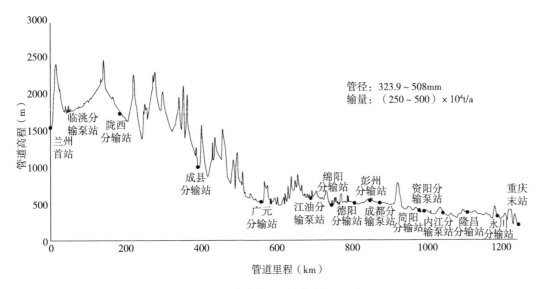

图 1.2　兰成渝成品油管道高程、里程

1.2　弥合水击仿真技术研究现状

1.2.1　弥合水击数学模型研究

弥合水击是一个相当复杂的气液两相流问题，Li、Canstens、Baltzes、Jhsman、Dijkman 和 Brown 等学者对管路系统发生液柱分离和弥合水击现象都做了相关的研究，并建立了弥合水击的数学模型 [2-3]，但所建的大多数的数学模型都没有考虑液柱分离过程中气体的释放，故所得的数值模拟结果误差较大。20 世纪 70 年代初人们开始在水击数学模型的建立过程中考虑气体的释放，国外学者从不同的角度探讨该问题，提出了相关断流空腔弥合水击数学模型 [4-6]。

国内外学者们 [7-11] 将 Kranenburg 等人的三个分区理论进行优化，更科学地将断流弥合水击过程中的整个管线分成以下三个区域：（1）水区（无气穴区）。认为这个区域不含气体或气体可以忽略不计，故波速在这个区域传播时为常数。（2）气液泡合区。认为气体以小气泡的形式均匀分布在液体中，水锤波速的影响因素为管线压力和气泡在液体中所占比例。（3）断流区（空穴区）。管道内形成完全断流型空腔，发生液柱分离现象。

学者们主要采用分离流模型和集中空穴模型 [12-14] 对液柱分离过程进行数学描述。分离流模型是按液体是否充满管道把水击过程管流分成满流段与非满流段。满流段按普通水击过程处理，波速为常数，也可根据液体中的初始含气率采用相关公式描述波速的变化情况；非满流段按明渠非均匀流处理。集中空穴模型把液柱分离形成的断流空腔看作是固定在某一特定事先设定好的管道截面上。对模型的处理有以下三种方法：（1）断流空腔为蒸气腔，只考虑当压力降低到饱和蒸气压以下时液体的气化，不考虑液体中溶解气体在液柱分离过程中的逸出对水击过程的影响，认为断流空腔内全是蒸气。（2）断流空腔为混合腔，混合腔由蒸气和液体中逸出的溶解气组成，就是在蒸气腔的处理方法的基础上，认为液体中溶解气体在减压波传递过程中逐渐逸出，进一步考虑逸出的溶解气对水击瞬变过程的影响，这种方法对于长输管道的水击过程比较适用，因为气体的释放过程很缓慢且长输管道的水击过程较长，故液体中的溶解气有足够时间逸出。（3）在混合空腔的处理方法基础上，将断流空腔的两边界处附近区域看作过渡区即蒸气和溶解气组成的小气泡均匀分布在液流中，这种处理方法是最接近实际情况的[15]。Dijkman 和 Verugdenhil 采用集中空穴模型研究长距离平缓管线的断流水击的特性，把管路中事先设定为断流空腔，并且认为释放气体的速度仅仅由压差决定，与含气率无关，最后得到纯蒸气穴升压比混合穴的升压更高的结论。

国内外学者主要从两个角度出发建立断流空腔弥合水击的数学模型，一个是从宏观的角度分析[16]，另一个是从气泡动力学原理[17]等微观角度分析。两者都还在发展当中，学者们采用了各种数学方法[18]，建立了不同的数学模型来描述液柱分离过程。但计算结果与实测值都有一定的偏差，这是因为对液柱分离现象，仍存在很多未知因素需要探讨，如：（1）液体含气率及影响因素；（2）液体中溶解气随压力和时间的逸出过程；（3）扰动对溶解气逸出过程的影响；（4）逸出气体在高压下的再吸收情况。所以对管内的液柱分离现象目前还没有公认的完善的分析方法。

1.2.2　弥合水击计算方法研究

国内外学者已经推导出解决普通水击问题的经验方程，即水击的基本方程，但水击基本方程为偏微分方程，不能直接得到其解析解，故国内外学者采用了不同的处理方法求解其数值解。根据对水击基本方程的处理方式不同，分别导出了阿列维联锁方程、水击共轭方程、水击特征线方程等，它们分别是解析法、图解法、数值解法的理论基础[19-21]。

20 世纪 30 年代之前，由于各种技术条件的限制，大部分水击计算都采用解析法。解析法也叫作逐段计算法，解析法是以简化的水击基本方程为基础，通过逐段计算将基本方程组转变为波动方程后可以求解析通解。解析法的缺点是计算过程复杂，工作量十分繁重，故只适用于计算简单边界条件的水击。解析法在计算过程中忽略了管道摩阻损失和水击压力波的反射，故计算结果与实际有很大的差异。计算结果误差大，计算精度差。解析法的优点在于物理意义明确，方法简便易行，可以直接写出水击过程解的表达式。

随后国外学者提出了图解法。图解法是以解析法导出的共轭方程为理论基础，在不考虑管道摩擦阻力的条件下对管道内两点建立共轭方程组，以水击压力 H 为纵坐标、流速 V 为横坐标作图，求解水击过程的方法。图解法比起解析法，优点是求解过程直观，并且能用于边界条件较复杂的管路系统，如多分支管道、泵机组事故停泵等。图解法的缺点是作图过程较烦琐，耗时较长，作图的精密程度直接决定水击计算结果的精度，故计算结果与实际有很大的差异。计算结果误差大，计算精度差，因此很难得以全面推广。后来国外学者 Schnyder 和 Bergeron 提出了考虑管路摩擦阻力的图解法，这两种方法在计算管线边界处的最大水击压的结果精度均能在允许误差范围内。

当今社会随着电子计算机的普及以及水击分析方法的迅速发展，国内外学者开始提出新的水击求解方法数值解法，建立水击基本微分方程组的时候考虑管道摩擦阻力的影响，利用特征线法将得到的偏微分方程组转换成全微分方程组，即特征方程组，再利用有限差分方法对所得特征方程组积分，得到近似的数值解，就可以通过数值模拟得到水击的数值解。数值解法可以求解复杂边界条件的管路系统的水击过程，利用计算机编制程序进行数值模拟，所得计算结果的精度和计算效率比起解析法和图解法都有很大的提高。2005 年，国外学者伍德对波速特性法与特征线法进行了深入比较，得出如下结论：波速特性法计算量较小，更适用于复杂边界条件的管网水击计算。

近年来，国内学者对弥合水击分析方法的研究取得了较大进展，于必录分别采用拉克斯—温得罗夫法和特征线法[22-23]求解泡状气液两相弥合水击过程，对液柱分离现象进行了相关的理论研究，取得了与理论结果吻合较理想的结果。刘光临、蒋劲[24-25]等针对水击基本方程的特征根进行了相关研究，提出了用矢通量分解法求解弥合水击的方法，并编制程序进行了数值模拟。目前对于弥合水击的分析方法主要是以弹性液柱理论为基础建立运动方程和连续方程，结合管路系统的初始条件和边界条件，采用特征线法求解水击过程。

经过上述文献调研可以发现，国内外学者近几十年在系统分析气体释放、液柱分离、弥合水击以及各种其他因素对弥合水击过程的影响等方面，总结出了大量有价值的理论成果，建立了比较完善的弥合水击理论体系。但弥合水击研究过程所涉及的学科面、影响因素等都极为复杂，并且液柱分离和弥合水击交替迅速地发生，过程不易观测，特别是对于两处以上的多处液柱分离（大落差输油管道中容易出现该种现象）和弥合水击问题的研究更加困难。

2 山地输油管道气液相转变模型

管道内产生气体是发生弥合水击的前提，本章主要针对原油进行气液相转变研究，得到原油发生气液相变的热力学条件，同时为后续弥合水击模拟中需要的原油基础物性参数建立计算模型。

2.1 油品特征化

2.1.1 特征化目的及原理

原油组成复杂，明确原油混合物中具体组分是目前的分析手段所不能实现的，而在原油管道仿真模拟过程中，为了提高计算结果的可靠性，需要输入原油的组分及含量。为了解决这一难题，原油特征化是一种可行的方法。原油特征化可以利用易于得到的原油分子量、密度数据，将复杂的原油体系特征化地描述为一个分布函数或一组假组分，并能利用传统的明确组分或连续热力学的方法将其应用于原油物性及相平衡计算。

现有原油特征化方法假定原油组成与分子量或碳原子数成一定的函数分布（如：对数分布、Gama 分布或其他形式分布），一般可采用两种方法：一种利用分布函数将原油划分为一组假组分，并得到假组分的密度、分子量及组成数据，并利用一定的方法计算出假组分的其他物性，如临界温度 T_c、临界压力 p_c、偏心因子 ω）；另一种则将原油描述为符合该分布函数的连续组分（或半连续组分），采用连续热力学的处理方法进行油藏物性及相平衡计算。这样利用上述的特征化方法，就可以将复杂的原油体系以较为特定的分布的连续或一组明确的假组分来表示。

（1）对数分布：Yarborough 和 Pedersen 等建议采用摩尔分数 Z_i 对碳原子数 C_N 的对数分布。

$$\ln Z_i = A + BC_N \tag{2.1}$$

其中，A 和 B 是由所测定的"i"组分的摩尔分数和分子量所决定的常数。

（2）Gama 分布：Whitson（1983 年）建议用 Gama 分布来描述 C_{7+} 的摩尔组成。分子量为 WM_i 的 i 组分的摩尔分数 Z_i，由下式给出：

$$Z_i = p(\text{WM}_i) - p(\text{WM}_i - 1) \tag{2.2}$$

$$p(\text{WM}_i) = \frac{(\text{WM}_i - \eta)^{\alpha-1} \exp - \left(\dfrac{\text{WM}_i - \eta}{\beta}\right)}{\beta^\alpha \Gamma(\alpha)} \tag{2.3}$$

其中，Γ 为 Gama 函数；α、β 和 η 为确定分布的参数。这些参数由已有的分析数据（如实沸点蒸馏数据）定出。若分析数据有限时，α 可作为回归变量，由所测定的密度、分子量来确定或由经验关联式给出。

现有的对数分布特征化处理方法为：

（1）由文献或实验得到的原油的基础实验数据有油品的密度、分子量；利用经验预赋分布函数的可变因数 A、B。

（2）由确定了可变因数 A、B 分布函数得到一组假组分的密度、分子量及组成数据或一个确定的连续分布函数。

（3）计算各组分或连续分布的分子量及密度重新混合是否与实验数据相符；若不符合，调节可变因数 A、B，重复（3）的计算。

（4）将得到的假组分或连续分布利用经验关联式进行临界温度 T_c、临界压力 p_c、分子量 WM、偏心因子 ω 或相对密度 SG 的计算。

（5）利用特征化后的分组结果或连续分布函数进行油藏物性及相平衡计算。

这样就可以利用一组假组分或连续分布来代替复杂的原油体系进行油藏物性及相平衡计算，这种处理方法可以保证划分后的假组分重新混合后仍能与原油的密度、分子量保持一致。

2.1.2 C$_{7+}$ 组分特征化

（1）C$_{7+}$ 组分特征化参数。

基于 SRK EoS 的特征化方法分为两种。一种是标准特征化方法，特征化范围为 C$_7$ 至 C$_{80}$；另一种是重油特征化方法，特征化范围为 C$_1$ ~ C$_{200}$。其中，状态方程所需的临界温度 T_c、临界压力 p_c 可通过式（2.4）和式（2.5）得出。两种基于 SRK EoS 的特征化方法所需的系数见表 2.1 和表 2.2。

$$T_c = c_1\rho + c_2 \ln \text{MW} + c_3\text{MW} + \frac{c_4}{\text{MW}} \tag{2.4}$$

$$\ln p_c = d_1 + d_2\rho^{d_5} + \frac{d_3}{\text{MW}} + \frac{d_4}{\text{MW}^2} \tag{2.5}$$

式中 ρ——密度，g/cm^3；

T_c——临界温度，K；

p_c——临界压力，atm；

MW——分子质量。

对于标准特征化方法而言，m 是关于偏心因子的函数，可通过式（2.6）计算：

$$m = e_1 + e_2 \text{MW} + e_3 \rho + e_4 \text{MW}^2 \qquad (2.6)$$

对于重油特征化方法而言，ω 可通过式（2.7）进行计算：

$$\omega = e_1 + e_2 \rho + \left(\frac{\text{MW}}{e_3} - e_4 \right) \bigg/ \left[\exp \left(\frac{\text{MW}}{e_3} - e_4 \right) - 1 \right] \qquad (2.7)$$

表 2.1　基于 SRK-Peneloux EoS 的标准特征化系数

系数	1	2	3	4	5
c	1.6312×10^2	86.052	4.3475×10^{-1}	-1.8774×10^3	—
d	-1.3408×10^{-1}	2.5019	2.0846×10^2	-3.9872×10^3	1.0
e	7.4310×10^{-1}	4.8122×10^{-3}	9.6707×10^{-3}	-3.7184×10^{-6}	—

注：不管有无 Peneloux 体积修正系数，表中系数均不变。

表 2.2　基于 SRK EoS 的重油特征化系数

系数	1	2	3	4	5
c	1.6312×10^2	86.052	4.3475×10^{-1}	-1.8774×10^3	—
d	-0.42444	2.4792	2.1927×10^2	5.6413×10^3	0.25
e	8.7888×10^{-1}	-3.5152×10^{-2}	1.2902	1.1293×10^2	—

上述表达式中的系数通过凝析气及原油混合物的实验数据进行确定。在进行流体 PVT 模拟前可以将 C_{7+} 组分合并成若干虚拟组分来简化计算。对于每一个虚拟组分而言，其 T_c、p_c 及 ω 均可通过计算得到。

（2）体积转换参数。

Peneloux 等以 SRK 状态方程为基础提出了改进的 SRK EoS，如式（2.8）所示：

$$p = \frac{RT}{V-b} - \frac{a(T)}{(V+c)(V+b+2c)} \qquad (2.8)$$

式中　　p——压力，Pa；

T——温度，K；

R——气体常数；

a，b——分别与 SRK 状态方程相同；

c——体积转换参数。

参数 c 影响流体的密度，但不会影响相平衡的结果，例如饱和点、相组分及相数。对于纯组分而言，使用 Peneloux 方程计算的摩尔体积等于 SRK 状态方程的摩尔体积减去 c。而对于混合物而言，使用 Peneloux 方程计算的摩尔体积等于 SRK 状态方程的摩尔体积减去各组分 c 参数的摩尔平均值。对于已经定义的组分，可用 Peneloux 等的方法计算参数 c，如式（2.9）所示：

$$c = 0.40768 \frac{RT_c}{p_c}(0.29441 - Z_{RA})$$（2.9）

式中 Z_{RA}——Racket 压缩因子，可通过式（2.10）进行估算。

$$Z_{RA} = 0.29056 - 0.08775\omega$$（2.10）

在确定 C_{7+} 虚拟组分的 c 参数时，可以用 SRK 状态方程计算的摩尔体积与真实摩尔体积之差来表示，如式（2.11）所示：

$$c_{C_{7+}, pseudo} = mv_{SRK} - mv_{real}$$（2.11）

式中 mv_{SRK}——使用 SRK EoS 计算的摩尔体积；

mv_{real}——真实摩尔体积，利用标准状况下的密度进行计算。

对于 C_{7+} 虚拟组分 i 而言，其体积转换参数可通过式（2.12）计算：

$$c_i = \frac{M_i}{\rho_i} - V_i^{EOS}$$（2.12）

式中 M_i——组分 i 的分子量；

ρ_i——组分 i 在标准条件（15℃，1atm）下的密度；

V_i^{EOS}——无体积修正情况下使用状态方程（SRK 或 PR）计算的标准条件下虚拟组分 i 的摩尔体积。

式（2.12）保证了组拟组分 i 的 Peneloux 体积与通过实验（15℃，1atm）确定的密度的一致性。但当温度较高时，计算得到的液体密度高于实验值。根据 ASTM 1250–80《Standard Guide for Petroleum Measurement Tables》（《石油测量表的标准指南》），稳定油品随温度变化的密度可通过式（2.13）计算：

$$\rho_{T_1} = \rho_{T_0} e^{\left\{-A(T_1-T_0)[1+0.8A(T_1-T_0)]\right\}}$$（2.13）

$$A = \frac{613.9723}{\rho_{T_0}^2}$$（2.14）

式中 T_0——已知密度的参考温度，℃；

T_1——需要计算的温度，℃；

A——常数。

对于 C_{7+} 组分而言，Pedersen 等建议使用式（2.13），并在 SRK–P 或 PR–P 中引入与温度相关的 Peneloux 参数，见式（2.15）：

$$c_i = c_{0i} + c_{1i}(T - 288.15)$$ （2.15）

式中　　c_{0i}——288.15K（15℃）条件下通过式（2.12）计算的 Peneloux 参数；

　　　　c_{1i}——新的与温度有关的参数，该参数可通过给定的组分 i 在 288.15 ~ 353.15K 范围内的变化值确定。

通过上述方法确定 C_{7+} 虚拟组分的参数 c 后，可假设 SRK 状态方程计算的摩尔体积与真实摩尔体积之差为定值，且与温度、压力无关。

（3）组分合并。

油基中包含超过 200 种组分或虚拟组分。一般软件在进行相平衡计算时，组分数量最大为 120。对于 SRK 和 PR / PR78 状态方程，虚拟组分的临界温度 T_c、临界压力 p_c 和偏心因子 ω 作为各个碳原子数的临界温度 T_c、临界压力 p_c 和偏心因子 ω 的质量平均值。如果第 k 个虚拟组分包含碳原子数 M 至 L，则可从以下关系式计算合并后虚拟组分的临界温度 T_c、临界压力 p_c 和偏心因子 ω：

$$T_{ck} = \left(\sum_{i=M}^{L} z_i M_i T_{ci} \right) \bigg/ \left(\sum_{i=M}^{L} z_i M_i \right)$$ （2.16）

$$p_{ck} = \left(\sum_{i=M}^{L} z_i M_i p_{ci} \right) \bigg/ \left(\sum_{i=M}^{L} z_i M_i \right)$$ （2.17）

$$\omega_{ck} = \left(\sum_{i=M}^{L} z_i M_i \omega_i \right) \bigg/ \left(\sum_{i=M}^{L} z_i M_i \right)$$ （2.18）

式中　　z_i——组分 i 摩尔分数。

2.1.3　特征化步骤

虚拟组分法是被广泛应用的一种方法，以下是本书采用虚拟假组分法计算的基本步骤。特征化步骤导向图如图 2.1 所示。

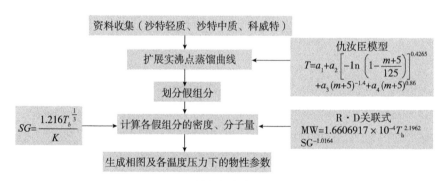

图 2.1　特征化步骤导向图

（1）资料收集。

目前收集了科威特原油、沙特轻质原油和沙特中质原油的原油评价报告，其实沸点蒸馏数据见表2.3至表2.5，黏度、密度数据见表2.6至表2.8。

表2.3　科威特原油实沸点蒸馏数据

沸点范围（℃）	质量收率（%）		密度（20℃）（g/cm³）	特性因数
	馏分	总收率		
<15	2.2	2.2	—	—
15~65	3.18	5.38	0.627	13.1
65~80	1.48	6.86	0.667	12.7
80~100	2.16	9.02	0.69	12.5
100~120	2.23	11.25	0.713	12.3
120~140	2.28	13.53	0.732	12.2
140~165	3.92	17.45	0.75	12.1
165~180	2.5	19.96	0.764	12.1
180~200	3.27	23.22	0.775	12.1
200~220	2.56	25.78	0.787	12.1
220~240	2.25	28.03	0.799	12.0
240~260	3.19	31.22	0.812	12.0
260~280	3.33	34.55	0.827	11.9
280~300	2.87	37.41	0.839	11.9
300~320	2.95	40.36	0.851	11.9
320~350	4.94	45.3	0.863	11.9
350~380	4.79	50.09	0.876	11.9
380~400	3.15	53.24	0.886	11.9
400~420	2.85	56.1	0.895	11.9
420~450	4.08	60.18	0.905	11.9
450~470	2.63	62.81	0.914	11.9
470~500	3.86	66.66	0.923	12.0
500~520	2.6	69.26	0.931	12.0
520~540	2.7	71.96	0.939	12.0
540~565	3.42	75.38	0.948	12.0
>565	24.62	100	1.026	—

表 2.4　沙特轻质原油实沸点蒸馏数据

沸点范围（℃）	质量收率（%）	密度（20℃）（g/cm³）	特性因数
初馏点～80	4.96	0.66	12.6
80～100	7.09	0.71	12.1
100～120	9.63	0.73	12.1
120～140	12.61	0.74	12.1
140～160	15.18	0.76	12.0
160～180	17.91	0.77	12.0
180～200	20.46	0.78	12.0
200～230	24.66	0.80	11.9
230～250	27.63	0.81	11.9
250～275	31.35	0.83	11.9
275～300	34.99	0.85	11.9
300～320	38.1	0.86	11.9
320～340	41.3	0.87	11.9
340～360	44.56	0.88	11.9
360～395	46.02	0.89	11.9
395～425	50.34	0.90	11.9
425～450	55.57	0.92	12.0
450～500	64.54	0.92	12.0
500～520	67.03	0.97	12.1
＞520	99.55	0.66	11.9

表 2.5　沙特中质原油实沸点蒸馏数据

沸点范围（℃）	质量收率（%）		密度（20℃）（g/cm³）	特性因数
	馏分	总收率		
＜100	5.59	5.59	0.6826	—
100～130	3.72	9.31	0.7243	12.2
130～150	3.17	12.48	0.7469	12.1
150～180	4.84	17.32	0.7681	12.0
180～220	8.15	21.07	0.7827	11.9
220～250	4.77	25.47	0.7943	11.8
250～275	3.19	30.24	0.8148	11.8
275～300	4.95	33.43	0.8322	11.8
300～325	3.36	38.38	0.8442	11.8
325～350	4.51	41.74	0.8577	11.7

续表

沸点范围 (℃)	质量收率（%）		密度（20℃）（g/cm³）	特性因数
	馏分	总收率		
350～395	6.13	46.25	0.8752	11.7
395～425	2.05	52.38	0.8924	11.8
425～450	6.68	54.43	0.9097	11.8
450～500	6.45	61.11	0.9188	11.8
>500	29.46	67.56	0.9345	11.9
损失	2.98	97.02	1.0365	

表 2.6　科威特原油的黏度和密度

温度（℃）	7	10	12	15	20	25	30	35	40
黏度（mPa·s）	44.3	39.1	35.7	30.8	24.2	19.7	16.5	14	12.2
密度（20℃）（g/cm³）	0.875								

表 2.7　沙特轻质原油的黏度和密度

温度（℃）	7	10	12	15	20	25	30	35
黏度（mPa·s）	66	57.4	52.1	45.5	36.4	29.5	24.3	20.6
密度（20℃）（g/cm³）	0.863							

表 2.8　沙特中质原油的黏度和密度

温度（℃）	7	10	12	15	20	25	30	35	40
黏度（mPa·s）	28.6	25.9	24.2	21.6	17.3	14.3	12	10.2	8.69
密度（20℃）（g/cm³）	0.869								

（2）扩展实沸点蒸馏曲线。

在常压下，由于油品在达到一定温度后容易分解，原油的常规实沸点蒸馏（TBP）一般只能达到 500℃左右。目前，主要采取分子蒸馏（MD）、高真空蒸馏（VD）、气相色谱模拟蒸馏（SD）等方式进行原油中重质组分的 TBP 蒸馏，但仍然无法实现全馏程的 TBP 蒸馏分析。原油中重质馏分组成将会严重影响原油物性参数和相平衡曲线，如果在特征化过程中，忽略这些原油成分，将会导致物性参数计算和相平衡计算预测精度有较大偏差。为了能够在原油实验蒸馏数据有限的情况下，获得全馏程的 TBP 蒸馏数据，从而实现原油特征化，可以采取扩展实沸点蒸馏曲线的方法[26]。本书采用仇汝臣[27]提出的实沸点蒸馏曲线的 4 参数拟合多项式数学模型，模型方程如下：

$$T = a_1 + a_2 \left[-\ln\left(1 - \frac{m+5}{125}\right) \right]^{0.4265} + a_3 (m+5)^{-1.4} + a_4 (m+5)^{0.86} \qquad (2.19)$$

式中　　T——实沸点蒸馏沸点温度，℃；

　　　　m——馏出质量分数，$0 \leqslant m \leqslant 100$；

　　　　a_1，a_2，a_3，a_4——模型系数。

用式（2.19）拟合所求温度附近的数据得到回归系数，即可求得该点温度的馏出质量分数。

（3）划分假组分并求物性参数。

依据油样的实沸点曲线划分虚拟组分，一般在曲线上大约每 10 ~ 30K 为一个虚拟组分，就可以较好表达挥发性物质而对于挥发性不好的物质可适当增加虚拟组分宽度。为了既减少虚拟组分数目，又保证切割效果，可以对曲线的不同温度段采用不同的虚拟组分宽度。划分完假组分后通过物性关联式计算各虚拟组分的密度、分子量、焓、摩尔热容、蒸气压、临界温度、临界体积、偏心因子等物性参数。

2.2　油品物性参数计算模型

2.2.1　密度

由 BWRS 方程可以得出下式：

$$
\begin{aligned}
F(\rho) = {} & \rho RT + \left(B_0 RT - A_0 - \frac{C_0}{T^2} + \frac{D_0}{T^3} - \frac{E_0}{T^4} \right) \rho^2 + \\
& \left(bRT - a - \frac{d}{T} \right) \rho^3 + a\left(a + \frac{d}{T} \right) \rho^6 + \\
& \frac{c\rho^3}{T^2} (1 + \gamma\rho^2) \exp(-\gamma\rho^2) - p
\end{aligned}
\qquad (2.20)
$$

式中　　ρ——流体密度，mol/m^3；

　　　　p——流体压力，Pa；

　　　　T——流体温度，K；

　　　　R——气体常数，J/（mol·K）［R 取 8.314J/（mol·K）］。

由式（2.20）可知，该方程至少具有 1 ~ 3 个实根 ρ，当两相区求出三个根时，最大的为液相密度，最小的为气相密度，中间根则无实际意义。通常采用正割法迭代求解密度，已知流体温度 T、流体压力 p、组分 i 的摩尔分数 y_i 的情况下，求解 $F(\rho) = 0$。所用的正割法的迭代公式为

$$\rho_{k+1} = \frac{\rho_{k-1} F(\rho_k) - \rho_k F(\rho_{k-1})}{F(\rho_k) - F(\rho_{k-1})} \quad （2.21）$$

式中　　下标 k——迭代序号，用正割法时需设两点密度的初值。

求气相密度 ρ^V 时可设 $\rho_1^V = 0$，$\rho_2^V = \dfrac{p}{\kappa T}$。

求液相密度 ρ^L 时可设：

（1）当混合物平均偏心因子 $\omega_m \leqslant 0.24$ 时，$\rho_1^L = 40$，$\rho_2^L = 38.0 \text{kg/m}^3$；

（2）当混合物平均偏心因子 $\omega_m > 0.24$ 时，$\rho_1^L = 20$，$\rho_2^L = 18.0 \text{kg/m}^3$。

由初值 ρ_1 和 ρ_2 按迭代公式求出 $F(\rho_1)$ 和 $F(\rho_2)$ 后，应用迭代公式依次求出下一次迭代用 ρ 值，迭代计算进行至 $|\rho_{k+1} - \rho_k| \leqslant \varepsilon_\rho$ 为止。

2.2.2　分子量

原油在全馏程范围内的分子量预测一般由各种关联式进行计算，常用的关联式如下。

（1）Riazi 关联式：

$$MW = 219.05 \exp(0.003924 T_b) \exp(-3.07 \, SG) \, T_b^{0.108} SG^{1.88} \quad （2.22）$$

式中　　MW——分子量；

　　　　SG——相对密度。

（2）API 关联式：

$$MW = 42.9654 \exp(0.0002097 T_b - 7.787 \, SG + \\ 0.0020848 \, SG \, T_b) \, T_b^{1.26007} SG^{4.98308} \quad （2.23）$$

（3）Riazi.Daubert 关联式（R.D 关联式）：

$$MW = 1.6606917 \times 10^{-4} T_b^{2.1962} SG^{-1.0164} \quad （2.24）$$

（4）Riazi.Daubert 修正关联式（R.D 修正关联式）：

$$MW = 0.65449 \times 10^{-4} T_b^{2.3489} SG^{-1.078} \quad （2.25）$$

（5）Kesler.Lee 关联式（K.L 关联式）：

$$MW = (-12272.6 + 9486.4 \, SG) + (8.37414 - 5.99166 \, SG) T_b + \\ (1 - 0.77084 \, SG - 0.02058 \, SG^2)(0.7465 - 222.46605/T_b) \times 10^7/T_b + \\ (1 - 0.80882 \, SG - 0.02226 \, SG^2)(0.3228395 - 17.33539/T_b) \times 10^{12}/T_b^3 \quad （2.26）$$

（6）Goossens 关联式（GS 关联式）：

$$MW = 0.01077 \, T_b^{1.52869 + 0.0648 \ln \frac{T_b}{1078 - T_b}} / SG \quad （2.27）$$

$$MW = T_b^{\left[0.8889254 + 0.157679\ln\frac{T_b}{1414 - T_b} - 2.2011277 \times 10^{-3}\left(\ln\frac{T_b}{1414 - T_b}\right)^2\right]}/SG \qquad (2.28)$$

（7）寿德清、向正为关联式（S.X 关联式）：

$$MW = 166.787 - 0.74786 T_b + 0.001495 T_b^2 \qquad (2.29)$$

$$MW = 184.534 + 2.29451 T_b - 0.23325 T_b K_w + \\ 1.3285 \times 10^{-5} (T_b K_w)^2 - 0.62217 T_b SG \qquad (2.30)$$

（8）Sim.Daubert 关联式（S.D 关联式）：

$$MW = 5.805 \times 10^{-5} T_b^{2.3776} SG^{-0.397} \qquad (2.31)$$

（9）Bonhoba 关联式：

$$MW = 52.63 - 0.246 T_b + 0.001 T_b^2 \qquad (2.32)$$

（10）日本 NEDOL 法：

$$MW = 2.35 \times 10^{-6} T_b^{2.87} / SG^{2.28} \qquad (2.33)$$

（11）Gray 关联式：

$$\ln(MW) = -12.96 + 2.87\ln(T_b) - 2.28\ln(SG) \qquad (2.34)$$

式中　　MW——假组分的平均分子量；

　　　　SG——假组分的相对密度；

　　　　T_b——假组分的平均沸点，K；

　　　　K_w——假组分的特性因数。

　　通过文献调研发现 R.D 关联式对原油在全馏程范围内的分子量预测较好，本文即采用 R.D 关联式计算假组分的分子量。

2.2.3　焓

　　流体焓的热力学关系式如下：

$$h = h^0 + \int_0^p \left[V - T\left(\frac{\partial V}{\partial T}\right)_P\right]dp \qquad (2.35)$$

或

$$h = h^0 + \frac{p}{\rho} - RT + \int_0^p \left[p - T\left(\frac{\partial p}{\partial T}\right)_\rho\right]\frac{d\rho}{\rho^2} \qquad (2.36)$$

式中　　h——流体比焓值，J/（mol·K）；

h^0——理想混合流体比焓，J/（mol·K）；

ρ——流体密度，mol/m³；

p——流体压力，Pa；

R——气体常数，J/（mol·K）[R 取 8.314 J/（mol·K）]；

T——气体温度，K。

将 BWRS 方程代入式（2.36）可得出焓的计算式：

$$
\begin{aligned}
h = h^0 & + \left(B_0 RT - 2A_0 - \frac{4C_0}{T^2} + \frac{5D_0}{T^3} - \frac{6E_0}{T^4} \right)\rho + \\
& \frac{1}{2}\left(2bRT - 3a - \frac{4d}{T} \right)\rho^2 + \frac{1}{5}\alpha\left(6a + \frac{7d}{T} \right)\rho^5 + \\
& \frac{c}{\gamma T^2}\left[3 - \left(3 + \frac{\gamma\rho^2}{2} - \gamma^2\rho^4 \right)\exp(-\gamma\rho^2) \right]
\end{aligned} \tag{2.37}
$$

式中　h——流体比焓值，J/（mol·K）；

h^0——理想混合流体比焓，J/（mol·K）；

ρ——流体密度，mol/m³；

R——气体常数，J/（mol·K）[R 取 8.314 J/（mol·K）]；

T——气体温度，K。

2.2.4　摩尔定容热容

由热力学关系，摩尔定容热容的定义如下：

$$
\left(\frac{\partial C_V}{\partial \rho} \right)T = -\frac{T}{\rho^2}\left(\frac{\partial^2 p}{\partial T^2} \right)_\rho \tag{2.38}
$$

或

$$
C_V = C_V^0 + \int_0^\rho \left[-\frac{T}{\rho^2}\left(\frac{\partial^2 p}{\partial T^2} \right)\rho \right]\mathrm{d}\rho \tag{2.39}
$$

将 BWRS 方程代入式（2.39）可得流体摩尔定容热容的计算式：

$$
\begin{aligned}
C_V = C_V^0 & + \left(\frac{6C_0}{T^3} - \frac{12D_0}{T^4} + \frac{20E_0}{T^5} \right)\rho + \frac{d}{T^2}\rho^2 - \frac{2\alpha}{5}\frac{d}{T^2}\rho^5 + \\
& \frac{3c}{\gamma T^3}\left[(\gamma\rho^2 + 2)\exp(-\gamma\rho^2) - 2 \right]
\end{aligned} \tag{2.40}
$$

式中　C_V——流体摩尔定容热容，J/（mol·K）；

C_V^0——流体混合物在低压下的摩尔定容热容，J/（mol·K）。

2.2.5 摩尔定压热容

由摩尔定压热容定义得

$$C_p = \left(\frac{\partial h}{\partial T} \right)_p \tag{2.41}$$

$$C_p = C_V + \frac{T}{\rho^2} \frac{\left(\dfrac{\partial p}{\partial T} \right)_p^2}{\left(\dfrac{\partial p}{\partial \rho} \right)_T} \tag{2.42}$$

式中 C_V——流体摩尔定容热容，J/（mol·K）；

C_p——流体摩尔定压热容，J/（mol·K）；

h——系统焓，J/（mol·K）。

对 BWRS 方程取偏导数可得

$$\left(\frac{\partial p}{\partial T} \right)_\rho = \rho R + \left(B_0 R + \frac{2C_0}{T^3} - \frac{3D_0}{T^4} + \frac{4E_0}{T^5} \right) \rho^2 + \left(bR + \frac{d}{T^2} \right) \rho^3 - $$
$$\frac{\alpha d}{T^2} \rho^6 - \frac{2c\rho^3}{T^3} (\gamma \rho^2 + 1) \exp(-\gamma \rho^2) \tag{2.43}$$

$$\left(\frac{\partial p}{\partial \rho} \right)_T = RT + 2 \left(B_0 RT - A_0 - \frac{C_0}{T^2} + \frac{D_0}{T^3} - \frac{E_0}{T^4} \right) \rho + 3 \left(bRT - a - \frac{d}{T} \right) \rho^2 + $$
$$6\alpha \left(a + \frac{d}{T} \right) \rho^5 + \frac{3c\rho^2}{T^2} \left(\gamma \rho^2 + 1 - \frac{2}{3} \gamma^2 \rho^4 \right) \exp(-\gamma \rho^2) \tag{2.44}$$

联立以上各式可得到流体摩尔定压热容的计算公式。

2.2.6 蒸气压

（1）Kesler.Lee 法。

Kesler.Lee 方程式在 $T_b \sim T_c$ 温度范围内，一般误差为 1.2%。在 T_b 温度下，算出的 p_{vr} 常有百分之几的负偏差。

$$\ln p_{vr} = f^{(0)}(T_r) + \omega f^{(1)}(T_r) \tag{2.45}$$

$$f^{(0)} = 5.92714 - \frac{6.09648}{T_r} - 1.28862 T_r + 0.169347 T_r^6 \tag{2.46}$$

$$f^{(1)} = 15.2518 - \frac{15.6875}{T_r} - 13.4721 T_r + 0.43577 T_r^6 \tag{2.47}$$

$$\omega = \frac{-\ln p_c - 5.92714 + 6.09648\theta^{-1} + 1.28862\ln\theta - 0.169347\theta^6}{15.2518 - 15.6875\theta^{-1} + 13.4721\ln\theta + 0.43577\theta^6} \tag{2.48}$$

$$\theta = T_b / T_c \tag{2.49}$$

（2）Riedel 法。

Riedel 方程式的比较准确的温度范围在 $T_b \sim T_c$ 之间。

$$\ln p_{vr} = A^+ - \frac{B^+}{T_r} + C^+ + \ln T_r + D^+ T_r^6 \tag{2.50}$$

$$A^+ = -35Q \tag{2.51}$$

$$B^+ = -36Q \tag{2.52}$$

$$C^+ = 42Q + \alpha_c \tag{2.53}$$

$$D^+ = -Q \tag{2.54}$$

$$Q = 0.0838(3.758 - \alpha_c) \tag{2.55}$$

$$\alpha_c = \frac{0.315\phi_b + \ln p_c}{0.0838\phi_b - \ln T_{br}} \tag{2.56}$$

$$\phi_c = -35 + \frac{36}{T_{br}} + 42\ln T_{br} - T_{br}^6 \tag{2.57}$$

式中　　p_{vr}——蒸气压，Pa；

　　　　p_c——临界压力，atm。

（3）Riedel.Plank.Miller 法。

$$\ln p_{vr} = -\frac{G}{T_r}\left[1 - T_r^2 + K(3 + T_r)(1 - T_r)^3\right] \tag{2.58}$$

$$G = 0.4835 + 0.4605h \tag{2.59}$$

$$K = \frac{h/G - (1 + T_{br})}{(3 + T_{br})(1 - T_{br})} \tag{2.60}$$

$$h = T_{br}\frac{\ln p_c}{1 - T_{br}} \tag{2.61}$$

式中　　T_r——对比温度；

T_{br}——沸点与临界温度之比。

（4）Thek. Stiel 法。

据 Thek. Stiel 介绍，式（2.62）可用于低于 T_b 温度下的极性和氢键化合物的蒸气压计算。在广泛的温度范围内，Thek. Stiel 试算了包括极性和非极性在内的 69 个化合物，平均误差在 1% 之下，只有极少数的计算，误差超过 5%。

$$\ln p_{vr} = A\left(1.14893 - \frac{1}{T_r} - 0.11719T_r - 0.03174T_r^2 - 0.375\ln T_r\right) +$$
$$(1.042a_c - 0.46284A) \times \left[\frac{T_r^{5.2691+2.0752A-3.1738h} - 1}{5.2691 + 2.0752A - 3.1738h} + \right.$$
$$\left. 0.040\left(\frac{1}{T_r} - 1\right)\right] \tag{2.62}$$

$$A = \frac{\Delta H_{Vb}}{RT_c(1 - T_{br})^{0.375}} \tag{2.63}$$

式中　　ΔH_{Vb}——1 个大气压下的气化潜热，J/kg；

　　　　T_c——临界温度，K。

$$h = T_{br}\frac{\ln p_c}{1 - T_{br}} \tag{2.64}$$

$$\alpha_c = \frac{0.315\phi_b + \ln p_c}{0.0838\phi - \ln T_{br}} \tag{2.65}$$

$$\phi_b = -35 + \frac{36}{T_{br}} + 42\ln T_{br} - T_{br}^6 \tag{2.66}$$

（5）Gomez.Thodos 法。

式（2.67）可应用于熔点到临界点的温度范围内。

$$\ln p_{vr} = \beta\left(\frac{1}{T_r^m} - 1\right) + \gamma\left(T_r^7 - 1\right) \tag{2.67}$$

对于极性化合物：

$$m = 0.466T_c^{0.166} \tag{2.68}$$

$$\gamma = 0.08594e^{7.462 \times 10^{-4}T_c} \tag{2.69}$$

对于氢键型化合物：

$$m = 0.0052M^{0.29}T_c^{0.72} \tag{2.70}$$

式中　　M——分子量。

$$\gamma = \frac{2.464}{M} e^{9.8 \times 10^{-6}} (M \cdot T_c) \tag{2.71}$$

$$\beta = Sx + \gamma y \tag{2.72}$$

$$x = \left(\frac{1}{T_{br}} - 1\right) / \left(1 - \frac{1}{T_{br}^m}\right) \tag{2.73}$$

$$y = (T_{br}^7 - 1) / \left(1 - \frac{1}{T_{br}^m}\right) \tag{2.74}$$

$$S = T_b \ln p_c / (T_c - T_b) \tag{2.75}$$

$$T_{br} = T_b / T_c \tag{2.76}$$

（6）Vetere 法。

$$\ln p_{vr} = a\left(1 - \frac{1}{T_r}\right) - b \ln T_r + b(T_r^{n-1} - 1) / \left[n(n-1)d\right] \tag{2.77}$$

$$a = \frac{(n-1)a_c'}{n(1-d)} \tag{2.78}$$

$$b = \frac{a_c' d}{1-d} \tag{2.79}$$

$$a_c' = 0.9076\left(1 + \frac{T_{br}}{1 - T_{br}} \ln p_c\right) \tag{2.80}$$

$$d = (0.0638 + 0.9693 T_{br} + 0.04193 \ln p_c)^{n-1} \tag{2.81}$$

$$n = \begin{cases} -1.4 + 14.62 T_{br} \text{（非极性物质）} \\ -9.32 + 0.28 p_c \text{（醇）} \\ 3.375 + 0.019 T_b \text{（其他极性物质）} \end{cases} \tag{2.82}$$

式中　　p_c——临界压力，atm。

2.2.7　临界温度

（1）Riazi API 法。

$$T_{pc} = 11.8847[\exp(-2.8748 \times 10^{-4} T_b - 0.5444 SG + 1.9997 \times 10^{-4} T_b SG)] \times$$
$$T_b^{0.81067} SG^{0.53691} \tag{2.83}$$

式中　　T_{pc}——临界温度，K；

　　　　T_b——正常沸点，K；

SG——相对密度。

（2）Kesler.Lee 法。

$$
\begin{aligned}
T_{\mathrm{c}} = 341.7 + 811\mathrm{SG} + (0.2358 + 0.0652\mathrm{SG})T_{\mathrm{b}} + \\
(0.8404 - 5.8721\mathrm{SG}) \times 10^{5} / T_{\mathrm{b}}
\end{aligned}
\tag{2.84}
$$

式中　　T_{c}——临界温度，K；

　　　　T_{b}——正常沸点，K；

　　　　SG——相对密度。

（3）Brule 等法。

$$
\begin{aligned}
T_{\mathrm{c}} = 429.138 + 0.4927T_{\mathrm{b}} - 1.41865 \times 10^{-4}T_{\mathrm{b}}^{2} - 1.1889 \times 10^{-3}\mathrm{API} \times T_{\mathrm{b}} + \\
0.27957 \times 10^{-7}T_{\mathrm{b}}^{3} - 2.8777 \times 10^{-7}\mathrm{API} \times T_{\mathrm{b}}^{2} - \\
0.44155 \times 10^{-8}\mathrm{API}^{2} \times T_{\mathrm{b}}^{2} \\
\mathrm{API} = 141.5/\mathrm{SG} - 131.5
\end{aligned}
\tag{2.85}
$$

式中　　T_{c}——临界温度，K；

　　　　T_{b}——正常沸点，K。

（4）Cavett 法。

$$
\begin{aligned}
T_{\mathrm{c}} = 768.07121 + 1.7133693T_{\mathrm{b}} - 0.001083003T_{\mathrm{b}}^{2} - \\
0.0089212579\,\mathrm{API}\,T_{\mathrm{b}} + 0.38890584 \times 10^{-6}T_{\mathrm{b}}^{3} + \\
0.5309492\,\mathrm{API}\,T_{\mathrm{b}}^{2} + 0.327116 \times 10^{-7}\,\mathrm{API}^{2}\,T_{\mathrm{b}}^{2}
\end{aligned}
\tag{2.86}
$$

（5）Riazi.Daubert 法。

$$
T_{\mathrm{c}} = 19.0623T_{\mathrm{b}}^{0.58848}\mathrm{SG}^{0.3596}
\tag{2.87}
$$

式中　　T_{c}——临界温度，K；

　　　　T_{b}——平均沸点，K；

　　　　SG——15.6℃下的相对密度。

（6）Sim.Daubert 法。

$$
T_{\mathrm{c}} = \exp(4.2009T_{\mathrm{b}}^{0.08615}\mathrm{SG}^{0.3596})
\tag{2.88}
$$

式中　　T_{c}——临界温度，K；

　　　　T_{b}——平均沸点，K；

　　　　SG——15.6℃下的相对密度。

2.2.8　临界压力

（1）Cavett 法。

$$
\begin{aligned}
\lg p_{\mathrm{c}} = {} & 2.8290406 + 0.94120109 \times 10^{-3} T_{\mathrm{b}} - 0.30474749 \times 10^{-5} T_{\mathrm{b}}^{2} - \\
& 0.2087611 \times 10^{-4} (\mathrm{API}) T_{\mathrm{b}} + 0.15184103 \times 10^{-8} T_{\mathrm{b}}^{3} + \\
& 0.11047899 \times 10^{-7} (\mathrm{API}) T_{\mathrm{b}}^{2} - 0.48271599 \times \\
& 10^{-7} (\mathrm{API})^{2} T_{\mathrm{b}} + 0.13949619 \times 10^{-9} (\mathrm{API})^{2} T_{\mathrm{b}}^{2}
\end{aligned} \tag{2.89}
$$

式中　　T_{c}——临界温度，K；

　　　　p_{c}——临界压力，psi；

　　　　T_{b}——正常沸点，K；

　　　　API——API 重度。

（2）Kesler.Lee 法。

$$
\begin{aligned}
\ln p_{\mathrm{c}} = {} & 8.3634 - 0.0566 / \mathrm{SG} - (0.24244 + 2.2898 / \mathrm{SG} + \\
& 0.11857 / \mathrm{SG}^{2}) \times 10^{-3} T_{\mathrm{b}} + (1.4685 + 3.648 / \mathrm{SG} + \\
& 0.47227 / \mathrm{SG}^{2}) \times 10^{-7} T_{\mathrm{b}}^{2} - \\
& \left(0.42019 + 1.6977 / \mathrm{SG}^{2}\right) \times 10^{-10} T_{\mathrm{b}}^{3}
\end{aligned} \tag{2.90}
$$

式中　　p_{c}——临界压力，psi；

　　　　T_{b}——正常沸点，K；

　　　　SG——15.6℃下的相对密度。

（3）Twu 法。

$$
p_{\mathrm{c}} = p_{\mathrm{c}}^{\circ} (T_{\mathrm{c}} / T_{\mathrm{c}}^{\circ})(V_{\mathrm{c}} / V_{\mathrm{c}}^{\circ}) \left[(1 + 2 f_{\mathrm{P}}) / (1 - 2 f_{\mathrm{P}}) \right]^{2} \tag{2.91}
$$

$$
\begin{aligned}
f_{\mathrm{P}} = {} & \Delta \mathrm{SG}_{\mathrm{P}} (2.53262 - 46.1955 / T_{\mathrm{b}}^{1/2} - 0.00127885 T_{\mathrm{b}}) + \\
& (-11.4277 + 252.140 / T_{\mathrm{b}}^{1/2} + 0.00230535 T_{\mathrm{b}}) \Delta \mathrm{SG}_{\mathrm{P}}
\end{aligned} \tag{2.92}
$$

$$
\Delta SG_{\mathrm{P}} = \exp \left[0.5(\mathrm{SG}^{\circ} - \mathrm{SG}) \right] - 1 \tag{2.93}
$$

$$
\begin{aligned}
p_{\mathrm{c}}^{\circ} = {} & (3.83354 + 1.19629 \alpha^{1/2} + 34.8888 \alpha + \\
& 36.1952 \alpha^{2} + 104.193 \alpha^{4})^{2}
\end{aligned} \tag{2.94}
$$

式中　　p_{c}——临界压力，psi。

2.2.9　临界体积

（1）Riedel 法。

这个方程可以用于所有的烃类。方程利用实验值的临界温度和临界压力进行测试。估计这些参数可能导致临界体积计算的更大的误差。并且，这个方程可以估算石蜡（C_3 至 C_{18}）和其他族（C_3 至 C_{11}）。重的物质可能得到的结果不是很准确。

$$
V_{\mathrm{c}} = \frac{RT_{\mathrm{c}}}{p_{\mathrm{c}} \left[3.72 + 0.26 (\alpha - 7.00) \right]} \tag{2.95}
$$

$$\alpha = 5.811 + 4.919\omega \tag{2.96}$$

式中　　V_c——临界摩尔比容，$ft^3/$（lb-mol）；

　　　　R——气体常数；

　　　　p_c——临界压力，psi；

　　　　T_c——临界温度，$°R$；

　　　　α——Riedel 系数；

　　　　ω——偏心因子。

（2）Kesler.Lee 法。

$$Z_c = \frac{p_c V_c}{RT_c} = 0.2905 - 0.085\omega \tag{2.97}$$

（3）Twu 法。

$$V_c = V_c^\circ \left[\left(1 + 2f_V\right) / \left(1 - 2f_V\right) \right]^2 \tag{2.98}$$

$$f_V = \Delta SG_V \left[0.466590 / T_b^{1/2} + \left(-0.182421 + 3.01721 / T_b^{1/2}\right) \Delta SG_V \right] \tag{2.99}$$

$$\Delta SG_V = \exp[4(SG^{\circ 2} - SG^2)] - 1 \tag{2.100}$$

$$V_c^\circ = \left[1 - (0.419869 - 0.505839\alpha^3 - 9481.70\alpha^{14}) \right]^{-8} \tag{2.101}$$

（4）Brule 等法。

$$V_c = 3.01514 M^{1.02247} S^{-0.054476} \tag{2.102}$$

式中　　V_c——临界摩尔比容，$cm^3/$（g-mol）；

　　　　M——分子量；

　　　　S——相对密度。

（5）Viswanath 法。

$$V_c = 10.0 + 0.259 \left(\frac{RT_c}{p_c} \right) \tag{2.103}$$

式中　　R——气体常数；

　　　　p_c——临界压力，MPa；

　　　　T_c——临界温度，K。

2.2.10 偏心因子

（1）API 法。

$$\omega = \frac{\ln p_r^* - 5.92714 + 6.09648 / T_r + 1.28862 \ln T_r - 0.169347 T_r^6}{15.2518 - 15.6875 / T_r - 13.4721 \ln T_r + 0.43577 T_r^6} \qquad (2.104)$$

$$T_r = T / T_c \qquad (2.105)$$

$$p_r^* = p^* / p_c \qquad (2.106)$$

式中　p^*——气相压力，psi；

　　　p_c——临界压力，psi；

　　　T_c——临界温度，°R。

（2）Edmister 法。

$$\omega = \frac{3}{7} \frac{T_{br}}{1 - T_{br}} \lg p_c - 1 \qquad (2.107)$$

$$T_{br} = T_b / T_c \qquad (2.108)$$

（3）Kesler.Lee 法。

$T_{br} < 0.8$：

$$\omega = \frac{-\ln p_c - 5.97214 + 6.09648 T_{br}^{-1} + 1.28862 \ln T_{br} - 0.169347 T_{br}^6}{15.2812 - 15.6878 T_{br}^{-1} - 13.472 \ln T_{br} + 0.43577 T_{br}^5} \qquad (2.109)$$

$T_{br} > 0.8$：

$$\omega = -7.904 + 0.1352 K - 0.007465 K^2 + 8.359 T_{br} + \frac{1.408 - 0.01063 K}{T_{br}} \qquad (2.110)$$

（4）Chen 法。

$$\omega = \frac{0.3(0.2803 + 0.4789 T_{br})}{(1 - T_{br})(0.9803 - 0.5211 T_{br})} \lg p_c - 1 \qquad (2.111)$$

2.3　油品气液相转变模型

2.3.1　多相平衡体系的热力学稳定性分析

（1）热力学稳定性分析模型。

在进行多组分混合物体系的相平衡计算前，首先要对混合物在一定压力、温度条件下的热力学稳定性进行分析。根据热力学第二定律，如果混合物体系处于热力学稳定状态，则混合物总吉布斯自由能必然处于全局最小值。也就是说，如果混合物的吉布斯自由能处于全局最小状态，即热力学稳定状态，混合物就不会发生相变，反之，混合物就会发生相变。热力学稳定性分析的目的就是基于混合物吉布斯自由能最小的原则，来分析混合物是否会发生相变，从而为相平衡计算提供体系共存相数以及各组分在各相中摩尔分数的初值。

传统的相平衡计算方法是假定体系相态数量，并利用经验公式（例如 Wilson 公式）给出相平衡常数的初始值。这一方法对于气液两相平衡计算较为有效，但是当混合物中共存相数大于 2 时，这一方法很容易错误地估计体系中共存相的数量，导致多相闪蒸计算发散，或者得到无效解。因此，高效可靠的热力学稳定性分析算法是保证多相平衡计算收敛的重要前提。为了保证多相闪蒸计算的收敛性，本部分采用 Michelsen 提出的热力学稳定性分析方法。

混合物的吉布斯自由能计算公式为

$$G = \sum_{i=1}^{n_c} n_i \mu_i \qquad (2.112)$$

式中　　n_i——组分 i 的物质的量，mol；

　　　　n_c——组分数量。

Michelsen 根据热力学第二定律和吉布斯自由能最小原理提出了判断混合物相态稳定性的切平面准则（Tangent Plane Criterion）。即根据混合物吉布斯自由能平面上某一点的切平面与吉布斯自由能平面之间的距离（Tangent Plane Distance，TPD）来判断混合物的相态稳定性。该准则的推导过程如下：

首先，假设进料组分为单相系统，可计算单相混合物的吉布斯自由能 G_0：

$$G_0 = G(n_1, n_2, \cdots, n_{n_c}) \qquad (2.113)$$

式中　　n_i——混合物中 i 组分的物质的量，mol；

　　　　n_c——体系组分的数量。

若进料混合物可以分离成两相（I 和 II），则两相组分分别为（n_1-e_1，n_2-e_2，$\cdots$，n_n-e_n）和（e_1，e_2，$\cdots$，e_n），其中 II 相中各组分的物质的量 e_i 非常小，同样可列出 I 相的吉布斯自由能表达式；对其做 Taylor 级数展开并保留一阶项，可以得到 I 相的吉布斯能表达式：

$$G_1(\boldsymbol{n}-\boldsymbol{e}) = G(\boldsymbol{n}) - e\sum_i y_i \left(\frac{\partial G}{\partial n_i}\right)_n = G_0 - e\sum_i y_i \mu_i^0 \qquad (2.114)$$

式中　　y_i——II 相组分的摩尔分数。

同理，II 相的吉布斯自由能可以表达为

$$G_2 = G(e_1, e_2, \cdots, e_{n_c}) \qquad (2.115)$$

该混合物从单相状态分裂为两相状态而产生的吉布斯自由能变化是

$$\Delta G = G_1 + G_2 - G_0 = G(e) - e\sum_i y_i \mu_i^0 = e\sum_i y_i \left[\mu_i(\boldsymbol{y}) - \mu_i^0\right] \tag{2.116}$$

$$e = \sum_{i=1}^{n_c} e_i \tag{2.117}$$

式中，脚标分别代表单相（0）和两相（1，2）系统。如果 ΔG 为负，则说明分离成两相降低了系统吉布斯自由能，因此单相系统是不稳定的，会分裂为两相。

为了方便计算，在此引入逸度 f_i 来代替化学势 μ_i。μ_i 与 f_i 存在以下关系：

$$\mu_i = \mu_i^0 + RT \ln f_i \tag{2.118}$$

式中　R——气体常数；

　　　T——气体温度，K；

　　　μ_i^0——标准状态组分 i 的化学势。

根据逸度、逸度系数和压力之间的关系：

$$\ln f_i = \ln \phi_i + \ln n_i + \ln p \tag{2.119}$$

式中　ϕ_i——组分 i 的逸度系数。

式（2.118）可以表示为

$$\mu_i = \mu_i^0 + RT\left(\ln \phi_i + \ln n_i + \ln p\right) \tag{2.120}$$

因此 ΔG 的表达式（2.116）可以变为

$$F(\boldsymbol{y}) = \frac{\Delta G}{eRT} = \sum_i y_i \left[\ln(\phi_i)_2 + \ln y_i - \ln(\phi_i)_0 - \ln n_i\right] \tag{2.121}$$

式中　$(\phi_i)_0$——纯组分逸度；

　　　$(\phi_i)_2$——组分 i 在 II 相混合物中的逸度系数。

分析式（2.121）的推导过程可以发现，该式实际上代表了吉布斯自由能平面上某一点的切平面与吉布斯自由能平面之间的距离，式（2.121）还可表示为

$$TPD = \frac{\Delta G}{eRT} = \sum_i y_i \ln\left[\frac{y_i \phi_i(y_i)}{z_i \phi_i(z_i)}\right] \tag{2.122}$$

（2）热力学稳定性分析模型的求解。

根据 TPD 准则，通过做出多组分混合物的吉布斯自由能平面，然后在吉布斯平面上任意点做切面，只要切面不与吉布斯自由能平面上的任意点相交，则混合物就是稳定的，反之就是不稳定的。也就是说，可以根据混合物 TPD 函数全局最小值的正负来判断混合物是否处于热力学稳定状态。虽然上述方法具有严格的理论基础，但是计算 TPD 函数值时，不可能穷尽 TPD 函数的每个点，因此上述方法在实际操作中是较难实现的。

针对这一问题，Michelsen 提出通过检验 TPD 函数中所有的局部最大或最小值（驻点值），来判断 TPD 函数是否存在负值。若 TPD 函数的所有驻点值均为非负值，则表明函数具有全局非负性。

TPD 函数的形式如下：

$$\mathrm{TPD}(y) = \sum_i y_i [\ln y_i + \ln \phi_i(y) - d_i] \qquad (2.123)$$

$$d_i = \ln z_i + \ln \phi_i(z) \qquad (2.124)$$

式中　　y_i——定义域中的组分摩尔分数。

上述公式的约束条件如下：

$$y_i > 0, i = 1, 2, \cdots, C \qquad (2.125)$$

$$\sum_i y_i - 1 = 0 \qquad (2.126)$$

1981 年 Fletcher 将 TPD 函数与约束条件相结合，导出了与其对应的拉格朗日函数：

$$f(y, \lambda) = \sum_i y_i (\ln y_i + \ln \phi_i - d_i) - \lambda(\sum_i y_i - 1) \qquad (2.127)$$

TPD 函数的驻点应满足以下条件：

$$\frac{\partial f}{\partial y_i} = \ln y_i + \ln \phi_i - d_i + 1 - \lambda = 0, i = 1, 2, \cdots, C \qquad (2.128)$$

$$\frac{\partial f}{\partial \lambda} = -\sum_i y_i + 1 = 0 \qquad (2.129)$$

因此 TPD 函数在驻点处的函数值可以使用下式计算：

$$\mathrm{TPD}^{SP} = \sum_i y_i (\ln y_i + \ln \phi_i - d_i) = \sum_i y_i (\lambda - 1) = \lambda - 1 \qquad (2.130)$$

若该体系是稳定的，则对于 TPD 函数的所有驻点值均为非负值，因此可知拉格朗日乘子 λ 应大于或等于 1。

Michelsen 提出了由组分物质的量表示的 TPD 函数的另一种形式：

$$\mathrm{NewTPD}(Y) = 1 + \sum_i Y_i [\ln Y_i + \ln \phi_i(Y) - d_i - 1] \qquad (2.131)$$

式中　　Y_i——物质的量，mol。

驻点需要满足的条件如下：

$$\frac{\partial \mathrm{NewTPD}}{\partial Y_i} = \ln Y_i + \ln \phi_i(Y) - d_i = 0, i = 1, 2, \cdots, C \qquad (2.132)$$

将式（2.132）代入式（2.131）可以得到：

$$NewTPD^{SP} = 1 - Y_t \qquad (2.133)$$

其中，

$$Y_t = \sum_i Y_i \qquad (2.134)$$

各组分的摩尔分数 y_i 可以由下式计算：

$$y_i = Y_i / Y_t \qquad (2.135)$$

根据式（2.132）可以寻找到 TPD 函数的驻点。其求解方法是直接代换法，迭代格式可以用下式表示：

$$\ln Y_i^{(k+1)} = d_i - \ln \phi_i [Y^{(k)}] \qquad (2.136)$$

式（2.136）表示第 $k+1$ 次迭代求得的 i 组分的物质的量是基于第 k 次迭代时系统 i 组分对应的逸度系数而来。

Michelsen 证明了直接替换法能高效地使得 TPD 函数收敛于驻点。其收敛速度受逸度系数与组分摩尔分数关联性的影响。二者关联性即系统组分摩尔分数的变化对逸度系数数值影响的大小程度。如果关联性较弱，则收敛速度快。

采用直接迭代法求解驻点的收敛准则是

$$\sum_i \Delta Y_i \leqslant 10^{-10} \qquad (2.137)$$

当 TPD 方程的值满足以下条件时，认为 TPD 函数为负值：

$$F(y) = \sum_i y_i [\ln(\phi_i)_2 + \ln y_i - \ln(\phi_i)_0 - \ln n_i] < 10^{-6} \qquad (2.138)$$

基于上述直接迭代法，当给定不同初始值时，TPD 方程会收敛于不同的驻点。为了求得该函数所有的驻点值并判断其正负性，需要设置四个不同的初值并依次进行迭代计算。

采用式（2.136）的迭代初值可以首先利用 Wilson 经验公式计算系统的相平衡常数 K_i：

$$K_i = \frac{p_{ci}}{p} \exp\left[5.373\left(1 - \frac{T_{ci}}{T}\right)\right] \qquad (2.139)$$

$$K_i = y_i / x_i \qquad (2.140)$$

假设初始单相系统为液相：

$$Y_i = K_i z_i \qquad (2.141)$$

假设初始单相系统为气相：

$$Y_i = z_i / K_i \qquad (2.142)$$

利用式（2.141）与式（2.142）求得的组分初始的物质的量 Y_i，代入式（2.135）计算系统的组分摩尔分数，利用组分摩尔分数可以求得组分的初始逸度，得到两组初始值。

然而式（2.141）与式（2.142）提供的两个初始估算仅适用于气液两相系统，不适用于液—液平衡或多相平衡系统。当需要对可能存在多相的系统进行稳定性分析时，需要进行更多的初值估算。Michelsen 提出在原有两套初值的基础上新增式（2.143）与式（2.144）计算的两个初值，基于一共四个初始值，依次进行迭代计算，就能找到 TPD 函数的所有驻点。

假设系统是理想气体混合物：

$$Y_i = z_i \phi(z) \qquad (2.143)$$

假设组分平均分散在各相：

$$Y_i = \sum_{j=1}^{n_{\mathrm{p}}} y_{ij} \Big/ n_{\mathrm{p}} \qquad (2.144)$$

式（2.141）至式（2.144）四个初值将依次进行迭代，在计算过程中若搜寻到具有负值的驻点，则停止计算。表明该系统是不稳定的。

根据直接迭代法，求解热力学稳定性分析模型的流程如图 2.2 所示。

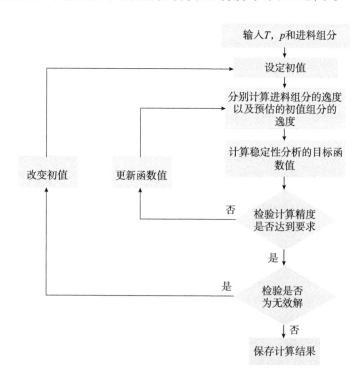

图 2.2　热力学稳定性分析模型求解流程图

2.3.2　多相闪蒸计算模型

根据 Michelsen 提出的闪蒸算法，在多相混合物体系中，各组分应满足如下质量守恒方程：

$$\sum_{j=1}^{n_{\text{p}}} y_{ij}\beta_j = z_i, i = 1,2,\cdots,n_{\text{c}} \qquad (2.145)$$

式中　　y_{ij}——j 相中组分 i 的组分摩尔分数；

　　　　β——相态分率；

　　　　z_i——进料中 i 组分的摩尔分数；

　　　　n_{p}——总相数；

　　　　n_{c}——总组分数。

在混合物处于相平衡状态时，各相中相同组分的逸度必须相等，由此得到相平衡判据如下：

$$y_{i1}\phi_{i1}p = y_{i2}\phi_{i2}p = y_{i3}\phi_{i3}p\ldots = y_{in_{\text{p}}}\phi_{in_{\text{p}}}p = f_i$$
$$i = 1,2,3,\cdots,n_{\text{c}} \qquad (2.146)$$

将式（2.146）代入式（2.145），可得

$$\sum_{j=1}^{n_{\text{p}}} \left(\frac{f_i}{p\phi_{ij}}\right)\beta_j = z_i, i = 1,2,3,\cdots,n_{\text{c}} \qquad (2.147)$$

Michelsen 定义函数 E 为

$$E_i = \sum_{j=1}^{n_{\text{p}}} \frac{\beta_j}{\phi_{ij}}, i = 1,2,3,\cdots,n_{\text{c}} \qquad (2.148)$$

将函数 E 代入式（2.147）并通过整理后得到：

$$\left(\frac{f_i}{p}\right) = \frac{z_i}{\sum_{j=1}^{n_{\text{p}}}\left(\frac{\beta_j}{\phi_{ij}}\right)} = \frac{z_i}{E_i}, i = 1,2,3,\cdots,n_{\text{c}} \qquad (2.149)$$

最终得到公式，用于计算各组分在不同相的摩尔分数：

$$y_{ij} = \frac{z_i}{\phi_{ij}E_i}, i = 1,2,3,\cdots,\ n_{\text{c}}, j = 1,2,3,\cdots,n_{\text{p}} \qquad (2.150)$$

当混合物处于多相平衡状态时应满足吉布斯自由能最小的原则，在求解上述物质平衡方程式，还应保证吉布斯自由能最小。为此，构造了求解物质平衡方程的目标函数。当混合物处于多相平衡状态时，系统的吉布斯自由能如下：

$$\frac{G}{RT} = \frac{1}{RT}\sum_{j}^{n_{\text{p}}}\beta_j\sum_{i}^{n_{\text{c}}} y_{ij}\mu_i = \frac{1}{RT}\sum_{i}^{n_{\text{c}}}\mu_i\sum_{j}^{n_{\text{p}}} y_{ij}\beta_j = \frac{1}{RT}\sum_{i}^{n_{\text{c}}}\mu_i z_i \qquad (2.151)$$

式（2.151）中各组分化学势使用下式计算：

$$\mu_i = \mu_i^0 + RT \ln f_i \qquad (2.152)$$

合并式（2.151）和式（2.152）得到：

$$\frac{G}{RT} = \frac{1}{RT}\sum_i^{n_c} \mu_i z_i = \frac{1}{RT}\sum_i^{n_c} \mu_i^0 z_i + \sum_i^{n_c} z_i \ln f_i \qquad (2.153)$$

可以得到：

$$\frac{G}{RT} = \sum_i^{n_c} \mu_i^0 z_i [\frac{\mu_i^0}{RT} + \ln(z_i p)] - \sum_i^{n_c} z_i \ln(E_i) \qquad (2.154)$$

当给定温度、压力和进料组成时，式（2.154）右边的第一项是常数。为了使得系统吉布斯自由能最小化，必须使第二项最小。考虑到多相体系中各相的摩尔分数，Michelsen 改变了式（2.153）的形式，并提出了包含影响多相闪蒸问题所有物理参数的目标函数 Q：

$$Q = \sum_{j=1}^{n_p} \beta_j - \sum_{i=1}^{n_c} z_i \ln(E_i) \qquad (2.155)$$

求解目标函数 Q 的约束条件如下：

$$\frac{\partial Q}{\partial \beta_j} = 0, \beta_j \geqslant 0, \vec{\mathbf{x}} \frac{\partial Q}{\partial \beta_j} > 0, \beta_j = 0 \qquad (2.156)$$

上述模型可采用牛顿迭代法与线性搜索相结合的解法。为了采用牛顿迭代法和线性搜索法求解模型，定义目标函数 Q 针对系统相态分率的梯度如下：

$$g_j = \frac{\partial Q}{\partial \beta_j} = 1 - \sum_{i=1}^{C} \frac{z_i}{E_i} \frac{1}{\phi_{ij}} \qquad (2.157)$$

Hessian 矩阵形式如下：

$$H_{jk} = \frac{\partial g_j}{\partial \beta_k} = \sum_{i=1}^{C} \frac{z_i}{E_i^2 \phi_{ij} \phi_{ik}} \qquad (2.158)$$

以此为基础，具体的求解过程如下：

目标函数的初值 $Q(\beta_{ini})$ 可以由稳定性分析模块提供的组分摩尔分数来计算。使用式（2.156）和式（2.157）计算函数梯度和 Hessian 矩阵。使用牛顿迭代法可以计算相态分率的校正值：

$$H\Delta\beta + g = 0 \qquad (2.159)$$

为了保证求解过程的收敛性，Michelson 提出在目标函数 Hessian 矩阵的每个对角元素上均添加 10^{-10}。通过线性搜索法，可以计算下一次迭代的相态分率：

$$\beta_{new} = \beta_{old} + \alpha\Delta\beta \qquad (2.160)$$

式中　　α——线性搜索的步长修正参数。

大多数情况下，可以指定 α 为 1，但有时可能遇到当 $\Delta\beta$ 是较负负值时，计算得到新的相态分率为负值的情况，因此可以选择令 $\alpha < 1$，使得某一相的相态分率变为 0，而剩余的相态分率仍然保持正值。相态分率等于零的相被认为"非活动"相。在接下来的求解过程中，不再更新这些"非活动"相的相态分率，直到最后再检查这些相是否重新投入计算。

在迭代计算过程中，为了保证运算使得函数 Q 一直向着减小的方向变化，在每一步迭代前均比较 $Q(\beta_{new})$ 和 $Q(\beta_{old})$ 的大小；当 $Q(\beta_{new})$ 比 $Q(\beta_{old})$ 小时，才继续进行迭代运算；如果发现目标函数 Q 增加，则应令 $\alpha = \alpha/2$，使用式（2.159）和式（2.160），获取新的相态分率值，直到满足目标函数 Q 的减小。迭代过程将一直持续到满足式（2.155）表示的约束条件。当计算完成时，通过计算目标函数针对"非活动"相的梯度来确定是否应该激活该相，将其重新投入计算。如果梯度值为负，则重新激活该相，并重复整个求解过程。值得注意的是，在检查"非活动"相时，每次激活的相，数量不能超过 1，否则运算过程就不易收敛。当完成物质平衡方程的求解后，利用式（2.149）更新每相的组分摩尔分数。

利用各相中同一组分逸度相对的准确来检验多相闪蒸模型的收敛性。选择任意一相作为参考相，可以计算该系统所有组分的总逸度相对误差，见式（2.161）。当总逸度相对误差满足计算精度时（$< 10^{-8}$），则认为已经达到平衡状态，停止多相闪蒸计算。

$$相对误差 = \frac{1}{N_p} \sum_{j}^{N_p} \sum_{i}^{N_c} \frac{\left| f_{ij} - f_{ir} \right|}{f_{ir}} \quad （2.161）$$

根据上述方法，多相闪蒸计算是由内循环和外循环组成的。外循环用于计算相数，内循环用于计算一定相数下各组分的分布。内循环的收敛准则是各相中相同组分的逸度相等，外循坏的收敛准则是满足体系吉布斯自由能最小的准则。

2.4 典型原油物性计算与相态分析

首先采用阐述的原油特征化方法，对中缅原油管道输送的三种油品（科威特原油、沙特轻质原油、沙特中质原油）进行特征化处理；然后采用油品物性参数计算模型和油品气液相转变模型分别得到三种原油的密度、黏度等物性参数以及原油气液相图。

2.4.1 典型原油特征化结果

（1）科威特原油组分。

科威特原油的组分及含量见表 2.9。

表 2.9 科威特原油的组分及含量

组分	摩尔分数（%）	分子量	密度（g/cm³）	临界温度（℃）	临界压力（bar）	偏心因子
C_1	0.030	16.043		-82.550	46.002	0.008
C_2	0.050	30.070		32.250	48.839	0.098
C_3	0.100	44.097		96.650	42.455	0.152
iC_4	1.011	58.124		134.950	36.477	0.176
nC_4	1.100	58.124		152.050	37.997	0.193
iC_5	2.100	72.151		187.250	33.843	0.227
nC_5	2.614	72.151		196.450	33.741	0.251
C_6	9.219	86.178	0.664	234.250	29.688	0.296
C_7	8.594	91.773	0.688	247.464	29.940	0.455
C_8	6.866	103.433	0.723	270.768	27.947	0.489
C_9	5.998	115.093	0.746	290.698	25.961	0.523
$C_{10} \sim C_{13}$	17.190	142.300	0.779	330.114	22.126	0.602
$C_{14} \sim C_{18}$	12.661	194.216	0.829	391.246	18.583	0.741
$C_{19} \sim C_{24}$	9.158	258.038	0.869	452.288	16.470	0.896
$C_{25} \sim C_{31}$	6.681	334.351	0.898	514.119	15.077	1.057
$C_{32} \sim C_{39}$	5.257	420.838	0.925	577.057	14.372	1.203
$C_{40} \sim C_{48}$	4.477	517.596	0.960	643.420	14.444	1.315
$C_{49} \sim C_{60}$	3.805	650.769	1.075	740.921	17.824	1.369
$C_{61} \sim C_{70}$	1.669	771.261	1.057	804.881	16.230	1.317
$C_{71} \sim C_{80}$	1.420	904.055	1.032	874.656	14.681	1.131

（2）沙特轻质原油组分。

沙特轻质原油的组分及含量见表 2.10。

表 2.10 沙特轻质原油的组分及含量

组分	摩尔分数（%）	分子量	密度（g/cm³）	临界温度（℃）	临界压力（bar）	偏心因子
C_1	0.060	16.04		-82.550	46.002	0.008
C_2	0.121	30.07		32.250	48.839	0.098
C_3	0.181	44.1		96.650	42.455	0.152
iC_4	0.120	58.12		134.950	36.477	0.176
nC_4	0.122	58.12		152.050	37.997	0.193
iC_5	2.531	72.15		187.250	33.843	0.227
nC_5	3.367	72.15		196.450	33.741	0.251
C_6	8.662	86.18	0.664	234.250	29.688	0.296
C_7	5.695	98.57	0.716	262.502	29.223	0.475

组分	摩尔分数（%）	分子量	密度（g/cm³）	临界温度（℃）	临界压力（bar）	偏心因子
C_8	8.162	109.9	0.726	280.384	26.115	0.508
C_9	7.930	121.2	0.744	298.308	24.281	0.540
$C_{10} \sim C_{13}$	23.996	147.4	0.785	336.792	21.631	0.616
$C_{14} \sim C_{18}$	15.648	197.5	0.837	395.470	18.675	0.749
$C_{19} \sim C_{24}$	8.591	260.2	0.881	455.921	16.864	0.901
$C_{25} \sim C_{32}$	6.419	341.6	0.932	525.079	16.231	1.072
$C_{33} \sim C_{39}$	2.074	424.1	0.985	588.727	16.664	1.208
$C_{40} \sim C_{52}$	1.975	518.2	0.991	649.506	15.590	1.315
$C_{53} \sim C_{60}$	1.777	790.8	1.051	818.028	15.909	1.278
$C_{61} \sim C_{62}$	1.679	855.6	1.082	854.115	16.848	1.229
$C_{63} \sim C_{80}$	0.889	904.9	1.142	891.024	19.461	1.151

（3）沙特中质原油组分。

沙特中质原油的组分及含量见表 2.11。

表 2.11　沙特中质原油的组分及含量

组分	摩尔分数（%）	分子量	密度（g/cm³）	临界温度（℃）	临界压力（bar）	偏心因子
C_1	0.051	16.043		−82.550	46.002	0.008
C_2	0.102	30.070		32.250	48.839	0.098
C_3	0.153	44.097		96.650	42.455	0.152
iC_4	0.100	58.124		134.950	36.477	0.176
nC_4	0.104	58.124		152.050	37.997	0.193
iC_5	0.307	72.151		187.250	33.843	0.227
nC_5	0.500	72.151		196.450	33.741	0.251
C_6	6.890	86.178	0.664	234.250	29.688	0.296
C_7	4.735	100.000	0.693	260.875	27.079	0.479
C_8	7.084	109.949	0.717	278.956	25.502	0.508
C_9	7.368	124.026	0.747	302.364	23.822	0.548
$C_{10} \sim C_{12}$	19.823	148.404	0.779	336.719	21.186	0.618
$C_{13} \sim C_{16}$	14.705	189.703	0.824	385.902	18.718	0.728
$C_{17} \sim C_{21}$	10.482	237.274	0.863	434.047	17.242	0.846
$C_{22} \sim C_{27}$	9.705	288.569	0.900	480.737	16.517	0.963
$C_{28} \sim C_{35}$	9.317	362.956	0.928	539.082	15.553	1.110
$C_{36} \sim C_{46}$	4.852	472.348	0.955	615.275	14.743	1.270
$C_{47} \sim C_{61}$	1.273	753.567	1.007	794.957	14.433	1.284
$C_{62} \sim C_{65}$	1.250	881.871	1.049	862.966	15.412	1.190
$C_{66} \sim C_{80}$	1.200	975.777	1.118	925.259	18.012	1.014

以三种典型原油（科威特原油、沙特轻质原油、沙特中质原油）为基础进行组分特征化，利用特征化参数进行三种原油物性参数分析。分析不同温度、压力条件下油品密度、黏度等的变化规律。

2.4.2 典型原油物性计算

图 2.3 为在 1bar、26bar、51bar、76bar、101bar 下科威特原油的密度、比热容、黏度随温度的变化曲线，符合实际情况。图 2.4（b）为大气压下科威特原油的实际黏温曲线与特征化后的科威特原油的计算黏温曲线对比，由图 2.4 可以看出计算结果十分接近实际数据，从而在一定程度上证明了特征化结果的可靠性。

（1）科威特原油的物性参数。

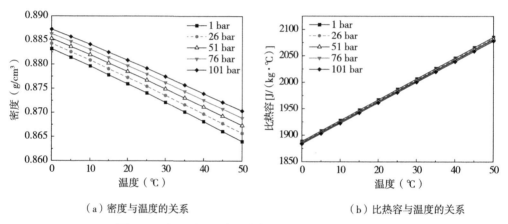

（a）密度与温度的关系　　　　　（b）比热容与温度的关系

图 2.3　不同温度、压力下的密度和比热容（科威特原油）

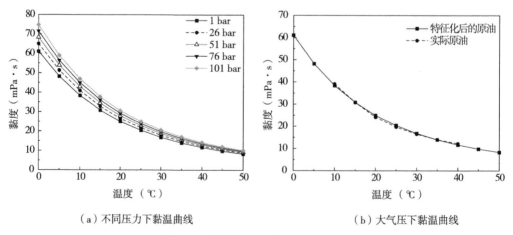

（a）不同压力下黏温曲线　　　　（b）大气压下黏温曲线

图 2.4　黏温曲线对比（科威特原油）

（2）沙特轻质原油的物性参数。

图 2.5 为在 1bar、26bar、51bar、76bar、101bar 下沙特轻质原油的密度，比热容，黏度随温度的变化曲线，符合实际情况。图 2.6（b）为大气压下沙特轻质原油的实际黏温曲线与特征化后的沙特轻质原油的计算黏温曲线对比，由图 2.6 可以看出计算结果十分接近实际数据，评价相对误差为 0.98%。

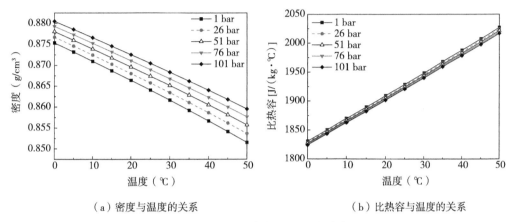

（a）密度与温度的关系　　　　　　　　　（b）比热容与温度的关系

图 2.5　不同温度、压力下的密度和比热容（沙特轻质原油）

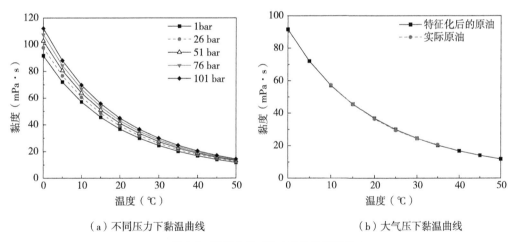

（a）不同压力下黏温曲线　　　　　　　　　（b）大气压下黏温曲线

图 2.6　黏温曲线对比（沙特轻质原油）

（3）沙特中质原油的物性参数。

图 2.7 为在 1bar、26bar、51bar、76bar、101bar 下沙特中质原油的密度，比热容，黏度随温度的变化曲线，符合实际情况。图 2.8（b）为大气压下沙特中质原油的实际黏温曲线与特征化后的沙特中质原油的计算黏温曲线对比，计算值与实验值平均相对误差为 0.85%。

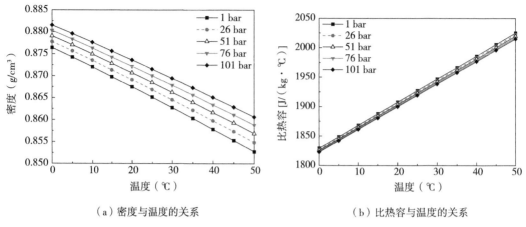

（a）密度与温度的关系　　　　　　　　（b）比热容与温度的关系

图2.7　不同温度、压力下的密度和比热容（沙特中质原油）

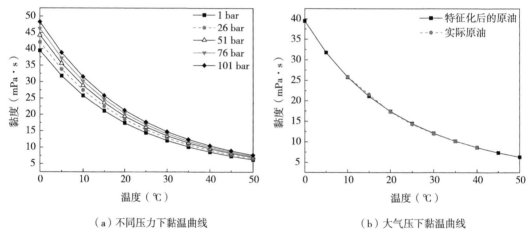

（a）不同压力下黏温曲线　　　　　　　　（b）大气压下黏温曲线

图2.8　黏温曲线对比（沙特中质原油）

2.4.3　典型原油相态分析

以原油特征化结果为基础，通过建立的原油气液相转变模型进行原油相态分析。通过分析原油的相变总结典型原油在不同温度、压力条件下的相变规律，为后续弥合水击提供理论基础。

（1）特征化后科威特原油的相平衡图及闪蒸数据。

原油进行特征化后，通过油品气液相变模型，可以得到原油的相包络线及闪蒸数据。通过相平衡图可以知道原油在某一温度、压力下的相态，通过闪蒸可以知道原油在某一温度、压力下的气相和液相的含量、物性参数等。

由图2.9可知当温度和压力在泡点线以下的范围内，科威特原油会逸出气体，产生气相，在管道内会聚集起来形成气阻，威胁管道安全。

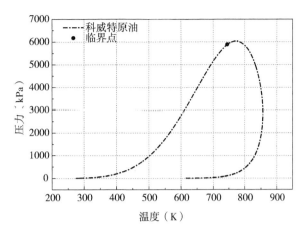

图 2.9　特征化后科威特原油的相平衡图

由表 2.12 特征化后科威特原油在 22.85℃、0.10bar 下的闪蒸数据可以看出，当温度为 22.85℃、压力为 0.10bar 时，科威特原油为气液两相，其中，气相摩尔分数为 0.66，液相摩尔分数为 99.34；气相的密度为 0.0003g/cm³，液相密度为 0.8754g/cm³；气相的分子量为 69.62，液相的相对分子质量为 253.55；气相的黏度为 0.0072mPa·s，液相的黏度为 23.0283mPa·s。

表 2.12　特征化后科威特原油在 22.85℃、0.10bar 下的闪蒸数据

参数	总	气相	液相
摩尔分数（%）	100	0.66	99.34
质量分数（%）	100	0.18	99.82
体积分数（%）	100	84.99	15.01
密度（g/m³）	0.1316	0.0003	0.8754
压缩因子	0.0078	0.9962	0.0012
分子量	252.33	69.62	253.55
焓（J/kg）	−310988.67	36302.46	−311626.52
c_p[J/（kg·℃）]	—	1661.05	1978.17
c_v[J/（kg·℃）]	—	1540.02	1876.93
黏度（mPa·s）	—	0.0072	23.0283

（2）特征化后沙特轻质原油的相平衡图及闪蒸数据。

图 2.10 为沙特轻质原油相包络线，表 2.13 为特征化后沙特轻质原油在 20.29℃、0.04bar 下的闪蒸数据为沙特轻质原油在 20.29℃、0.04bar 条件下的闪蒸结果。

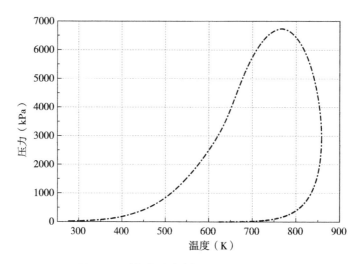

图 2.10 特征化后沙特轻质原油的相平衡图

由表 2.13 可以看出当温度为 20.29℃、压力为 0.04bar 时，沙特轻质原油为气液两相，其中，气相摩尔分数为 4.02，液相摩尔分数为 95.98；气相的密度为 0.0001g/cm³，液相密度为 0.8702g/cm³；气相的分子量为 80.01，液相的分子量为 209.34；气相的黏度为 0.0067mPa·s，液相的黏度为 39.8317mPa·s。

表 2.13 特征化后沙特轻质原油在 20.29℃、0.04bar 下的闪蒸数据

参数	总	气相	液相
摩尔分数（%）	100	4.02	95.98
质量分数（%）	100	1.57	98.43
摩尔体积（cm³/mol）	24691.17	608710.29	240.57
体积分数（%）	100	99.06	0.94
密度（g/cm³）	0.0083	0.0001	0.8702
压缩因子	0.0405	0.9979	0.0004
分子量	204.15	80.01	209.34
焓（J/kg）	−310855.66	31868.58	−316339.35
c_p[J/（kg·℃）]	—	1629.12	1905.67
c_V[J/（kg·℃）]	—	1524.46	1782.61
黏度（mPa·s）	—	0.0067	39.8317

（3）特征化后沙特中质原油的相平衡图及闪蒸数据。

图 2.11 为沙特轻质原油相包络线，表 2.14 特征化后沙特中质原油在 20.35℃、0.04bar 下的闪蒸数据为沙特轻质原油在 20.35℃、0.04bar 条件下的闪蒸结果。

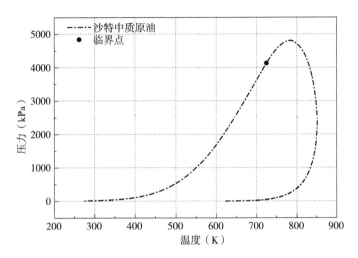

图 2.11 特征化后沙特中质原油的相平衡图

由表 2.14 特征化后沙特中质原油在 20.35℃、0.04bar 下的闪蒸数据可以看出当温度为 20.35℃、压力为 0.04bar 时，沙特中质原油为气液两相，其中，气相摩尔分数为 4.00，液相摩尔分数为 96.00；气相的密度为 0.0001g/cm³，液相密度为 0.8713g/cm³；气相的分子量为 80.01，液相的分子量为 210.44；气相的黏度为 0.0068mPa·s，液相的黏度为 18.6306mPa·s。

表 2.14 特征化后沙特中质原油在 20.35℃、0.04bar 下的闪蒸数据

参数	总	气相	液相
摩尔分数（%）	100	4	96
质量分数（%）	100	1.56	98.44
摩尔体积（cm³/mol）	24560.05	608835.40	241.53
体积分数（%）	100	99.06	0.94
密度（g/cm³）	0.0084	0.0001	0.8713
压缩因子	0.0403	0.9979	0.0004
分子量	205.22	80.01	210.44
焓（J/kg）	−310486.48	31966.28	−315905.66
c_p[J/（kg·℃）]	—	1629.4	1904.29
c_V[J/（kg·℃）]	—	1524.71	1781.94
黏度（mPa·s）	—	0.0068	18.6306

3 山地输油管道运行工艺参数分布规律

本章分析山地输油管道发生水击时，管道压力变化情况。以中缅原油管道为研究对象，分析易于出现低压的管段以及对局部高点出现低压的条件进行预测，得到管道局部高点压力变化的一般性规律，该规律适用于其他山地输油管道水击压力分析。

3.1 中缅原油管道运行工况模拟

通过仿真软件，结合中缅原油管道的实际情况，采用沙特轻质原油作为模拟油品（后文模拟均采用沙特轻质原油），建立中缅原油管道运行仿真模型，如图 3.1 所示。仿真模型由油源、泵站、单向阀、管道、用户组成。通过对中缅管道运行工况的模拟，总结分析出易于出现低压的管段分布，为高点压力预测分析作进一步的基础。

图 3.1 中缅原油管道运行工况仿真模型

3.1.1 模拟工况制订

对中缅原油管道进行稳态运行模拟，保证在不同输量下稳态运行时不产生气体的最低末站压力及各泵站的配泵情况，见表 3.1。

表 3.1 运行工况的参数制订

输量（m³/h）	泵站	进站（MPa）	出站（MPa）	增压（bar）	配泵情况
1440	瑞丽	0.5	6.6	61	220m扬程泵3台
	芒市	4.63	11.7	70.7	220m扬程泵4台
	保山	3.81	8.4	45.9	220m扬程泵2台
	弥渡	6.43	8.2	17.7	220m扬程泵1台
	安宁	3.66	3.66	0	

续表

输量（m³/h）	泵站	进站（MPa）	出站（MPa）	增压（bar）	配泵情况
1620	瑞丽	0.5	6.1	65.7	220m扬程泵3台
	芒市	4.65	11.8	72	220m扬程泵4台
	保山	3.45	9.0	55	220m扬程泵2台
	弥渡	6.8	8.6	18	220m扬程泵1台
	安宁	2.75	2.75	0	
1800	瑞丽	0.5	7.1	66	220m扬程泵3台
	芒市	4.65	12	73.5	220m扬程泵4台
	保山	3.45	9.5	60.5	220m扬程泵3台
	弥渡	6.8	8.6	18	220m扬程泵1台
	安宁	2.19	2.19	0	

3.1.2 中缅原油管道运行工况分析

根据不同输量下稳态运行工况模拟的数据，分析中缅原油管道全线水力坡降线，观察压力水头与管道高程是否相交。从图 3.2 和图 3.3 可知，不同输量下的管道稳态运行工况，管道全线水力坡降线均在管道高程以上，表明了管道沿线动水压头均大于 0，油品不会在稳态工况下发生相变。

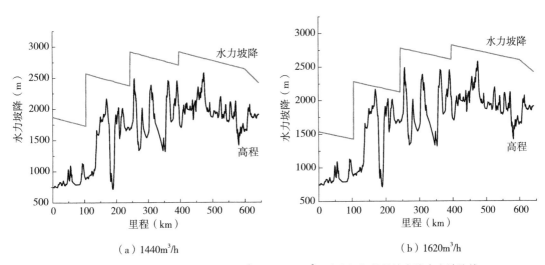

（a）1440m³/h   （b）1620m³/h

图 3.2 中缅原油管道输量为 1440m³/h 和 1620m³/h 稳态运行结果的全线水力坡降线

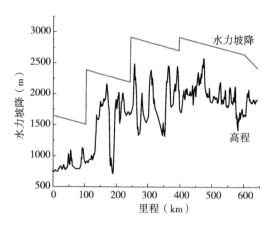

图 3.3　中缅原油管道输量为 1800m³/h 稳态运行结果的全线水力坡降线

从图 3.2 和图 3.3 还可以发现，在管道的大落差管段处存在几处可能产生低压的高点，因此取全线中包含以上几处高点的管段，分析在管道运行过程中出现不稳定流动工况时高点的压力波动情况（表 3.2）。

表 3.2　稳态运行工况可能出现油品气化的管段

管段	里程范围	所含局部高点（距首站距离）	动作阀门
D_1	110.1 ~ 249.4km	高点1（169.4km）、高点2（207.1km）	J107（143.2km）、E109A（185.2km）、I113（216.7km）
D_2	249.4 ~ 402.9km	高点3（257.1km）、高点4（364.6km）、高点5（390.5km）	E116（274.4km）、J123（387.6km）
D_3	402.9 ~ 605.3km	高点6（473.7km）	E124（412.2km）、E127（482.4km）

管道中 6 个高点的位置如图 3.4 所示。

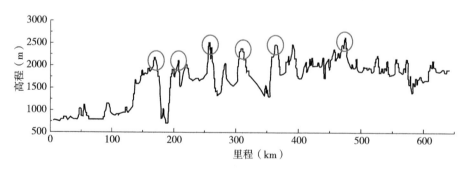

图 3.4　管道 6 个高点位置

3.2　中缅原油管道不稳定流动分析

分析管道沿线阀门截断、泵站停运工况下，管道全线以及 6 个局部高点处压力变化情况；中缅原油管道沿线设有多个单向阀，考虑到单向阀只允许流体单方向流动的特点，有必要探究单向阀在水击发展过程中的影响。

3.2.1　阀门关闭的水力参数分布

　　模拟3种稳态输量下，管道6处高点前后阀门突然关闭时，管道全线和6处高点的压力变化情况。选取的阀室位置及关阀后的水击超前保护措施见表3.3，关阀时间设置为180s。由于模拟的工况较多，本书只展示部分模拟结果。

表3.3　选取阀室的位置及关阀后的水击超前保护措施

阀室、泵站及高点	里程（km）	关阀后的水击超前保护措施
芒市泵站	110.1	
E108	164.76	（1）阀门离开全开位30s后，停运瑞丽泵站所有给油泵和输油主泵，同时停运芒市泵站的所有外输主泵； （2）在（1）执行后150s，停运保山泵站的所有输油主泵； （3）在（2）执行后40s，停运弥渡泵站的所有输油主泵
龙陵泵站	157.0	
高点1	169.4	
E109A	185.2	（1）阀门离开全开位30s后，停运瑞丽泵站所有给油泵和输油主泵，同时停运芒市泵站的所有外输主泵； （2）在（1）执行后150s，停运保山泵站的所有输油主泵； （3）在（2）执行后30s，停运弥渡泵站的所有输油主泵
高点2	207.1	
I113	216.7	（1）阀门离开全开位30s后，停运瑞丽泵站所有给油泵和输油主泵，同时停运芒市泵站的所有外输主泵； （2）在（1）执行后150s，停运保山泵站的所有输油主泵； （3）在（2）执行后30s，停运弥渡泵站的所有输油主泵
保山泵站	249.4	
高点3	257.1	
E116	274.4	（1）阀门离开全开位30s后，停运瑞丽泵站所有给油泵和输油主泵，同时停运芒市泵站、保山泵站的所有外输主泵； （2）在（1）执行后30s，停运弥渡泵站的所有输油主泵
高点4	364.6	
J123	387.0	（1）阀门离开全开位30s后，停运瑞丽泵站所有给油泵和输油主泵，同时停运芒市泵站、保山泵站的所有外输主泵； （2）在（1）执行后30s，停运弥渡泵站的所有输油主泵
高点5	390.5	
弥渡泵站	402.9	
E124	412.2	（1）阀门离开全开位30s后，停运瑞丽泵站所有给油泵和输油主泵，同时停运芒市泵站、保山泵站的所有外输主泵； （2）在（1）执行后30s，停运弥渡泵站的所有输油主泵
高点6	473.7	
E127	482.4	（1）阀门离开全开位30s后，停运瑞丽泵站所有给油泵和输油主泵，同时停运芒市泵站、保山泵站的所有外输主泵； （2）在（1）执行后30s，停运弥渡泵站的所有输油主泵

在稳态运行的模型基础上，添加了截断阀元件，以实现关阀工况的模拟，建立的关阀水击模型如图 3.5 所示。

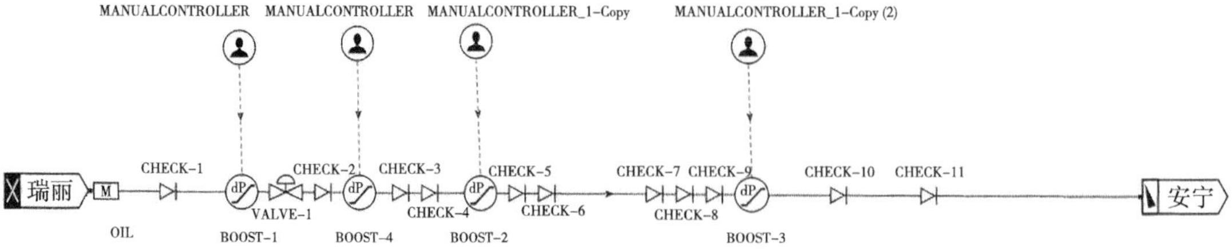

图 3.5　关阀水击模型

图 3.6 为 E108 阀门突然关闭后，管道全线在关阀后不同时间下的压力情况。由 E108 阀门离开全开位 100s、200s、300s、400s、500s 时全线的压力图可知，E108 阀门突然关闭后，随着时间的增加，管道全线压力逐渐下降，其中，管道 6 个高点处的压力较低。

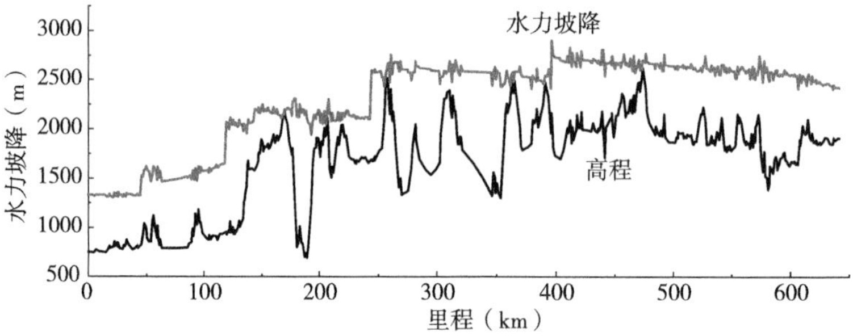

（a）关阀后 100s

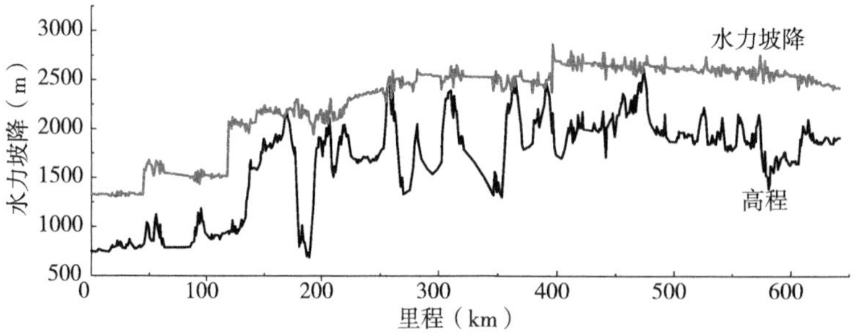

（b）关阀后 200s

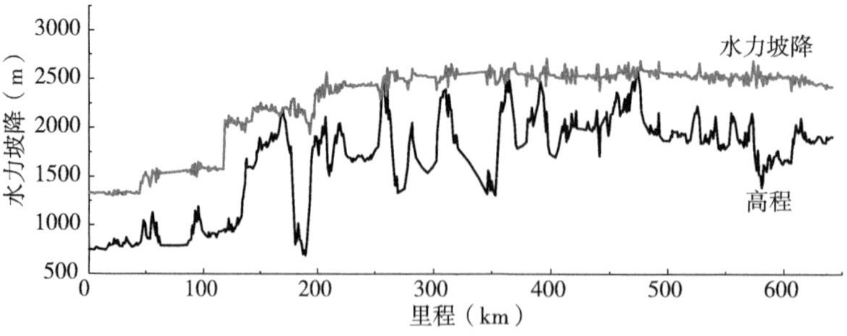

（c）关阀后 300s

图 3.6　E108 阀门关闭后，中缅原油管道全线压力

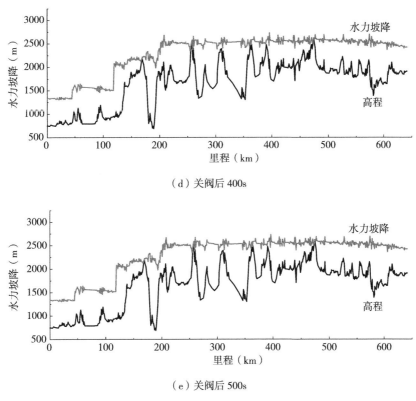

（d）关阀后 400s

（e）关阀后 500s

图 3.6　E108 阀门关闭后，中缅原油管道全线压力（续）

　　图 3.7 为 E108 阀门突然关闭后，管道高点 1～6 处的压力变化。高点 1 处在 E108 阀门离开全开位 90s 后压力开始下降，阀门离开全开位 190s 后压力下降至 0.01bar，低压大约持续 209s 后压力回升至最大水击压力 5.8bar，而后压力下降在 0.01bar 左右波动。高点 2 处在 E108 阀门离开全开位 105s 后压力开始下降至 10bar 左右，低压大约持续 195s 后压力回升至最大水击压力 60.0bar，最后压力在 40.0bar 左右开始波动并趋于稳定。高点 3 处在 E108 阀门离开全开位 133s 后压力开始下降至 7.5bar 左右，而后压力继续降低至 0.01bar，大约持续 150s，压力短暂回升后继续下降，最后在 0.8bar 左右来回摆动。高点 4 处在 E108 阀门离开全开位 172s 后压力开始下降至 4.7bar 左右，持续 110s 后压力迅速降低至 0.3bar，然后压力迅速回升后开始波动，最后压力稳定在 9.8bar 左右并缓慢上升。高点 5 处在 E108 阀门离开全开位 184s 后压力开始下降至 5.0bar 左右，持续 110s 后压力迅速回升后开始波动，最大水击压力为 13.0bar，最后压力在 12.0bar 左右来回摆动。高点 6 处在 E108 阀门离开全开位 225s 后压力开始下降至 4.9bar 左右，后压力继续下降至 0.01bar，压力保持不变。

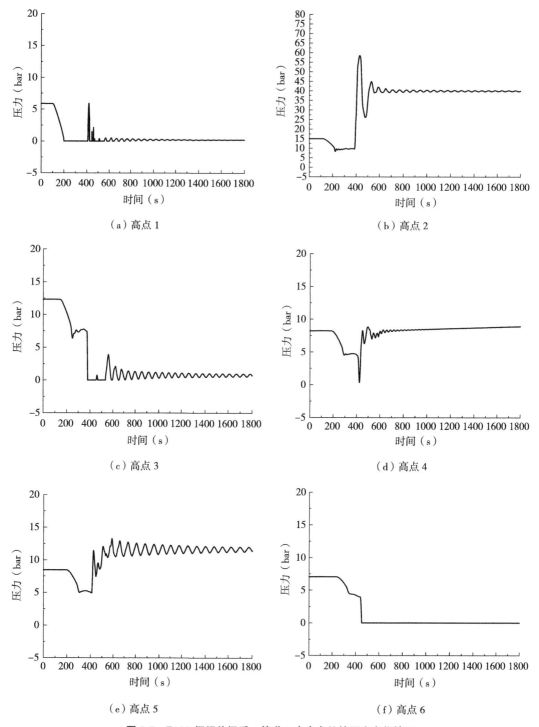

（a）高点 1 （b）高点 2

（c）高点 3 （d）高点 4

（e）高点 5 （f）高点 6

图 3.7　E108 阀门关闭后，管道 6 个高点处的压力变化情况

3.2.2　停泵条件的水力参数分布

模拟 3 种稳态输量下，管道沿线泵站突然停运工况，分析管道全线和 6 处高点的压力变化情况。为了让模拟的停泵工况更加符合管道现场实际情况，考虑各泵站停运后的水击超前保护措施，见表3.4。

表 3.4　泵站停运后的水击超前保护措施

泵站	里程（km）	关阀后的水击超前保护措施
芒市泵站	110.1	（1）芒市泵站停运后，同时停运瑞丽泵站所有给油泵和输油主泵； （2）在（1）执行后150s，停运保山泵站的所有输油主泵； （3）在（2）执行后40s，停运弥渡泵站的所有输油主泵
保山泵站	249.4	（1）保山泵站停运后，同时停运瑞丽泵站、芒市泵站所有给油泵和输油主泵； （2）在（1）执行后30s，停运弥渡泵站的所有输油主泵
弥渡泵站	402.9	（1）弥渡泵站停运后，同时停运瑞丽泵站、芒市泵站、保山泵站所有给油泵和输油主泵

图3.8为芒市泵站突然停运后，管道全线在停泵后不同时间下的压力情况。由芒市站停泵后100s、200s、300s、400s、500s管道全线的压力图可知，芒市站停泵后，随着时间的增加，管道全线压力逐渐下降，其中，管道6个高点处的压力较低。

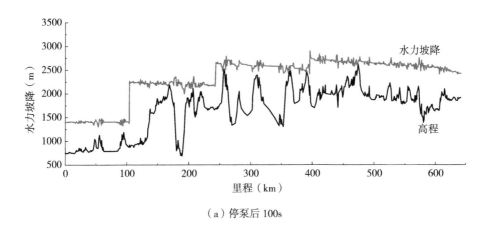

（a）停泵后 100s

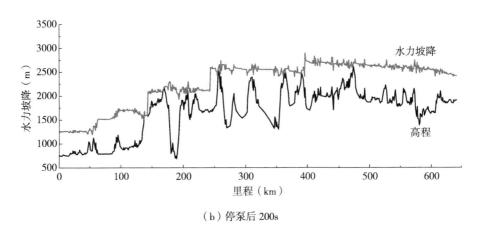

（b）停泵后 200s

图 3.8　芒市泵站停运后，中缅原油管道全线压力

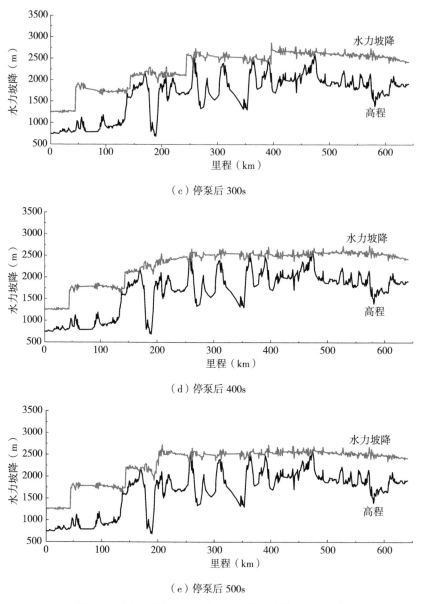

（c）停泵后 300s

（d）停泵后 400s

（e）停泵后 500s

图 3.8　芒市泵站停运后，中缅原油管道全线压力（续）

　　图 3.9 为芒市泵站突然停运后，管道高点 1 ~ 6 处的压力变化。高点 1 处在 E108 阀门离开全开位 90s 后压力开始下降，阀门离开全开位 190s 后压力下降至 0.01bar，低压大约持续 209s 后压力回升至最大水击压力 5.8bar，而后压力下降在 0.01bar 左右波动。高点 2 处在 E108 阀门离开全开位 105s 后压力开始下降至 10bar 左右，低压大约持续 195s 后压力回升至最大水击压力 60.0bar，最后压力在 40.0bar 左右开始波动并趋于稳定。高点 3 处在 E108 阀门离开全开位 133s 后压力开始下降至 7.5bar 左右，而后压力继续降低至 0.01bar，大约持续 150s，压力短暂回升后继续下降，最后在 0.8bar 左右来回摆动。高点 4 处在 E108 阀门离开全开位 172s 后压力开始下降至 4.7bar 左右，持续 110s 后压力迅速降低至 0.3bar，然后压

力迅速回升后开始波动，最后压力稳定在 9.8bar 左右并缓慢上升。高点 5 处在 E108 阀门离开全开位 184s 后压力开始下降至 5.0bar 左右，持续 110s 后压力迅速回升后开始波动，最大水击压力为 13.0bar，最后压力在 12.0bar 左右来回摆动。高点 6 处在 E108 阀门离开全开位 225s 后压力开始下降至 4.9bar 左右，后压力继续下降至 0.01bar，压力保持不变。

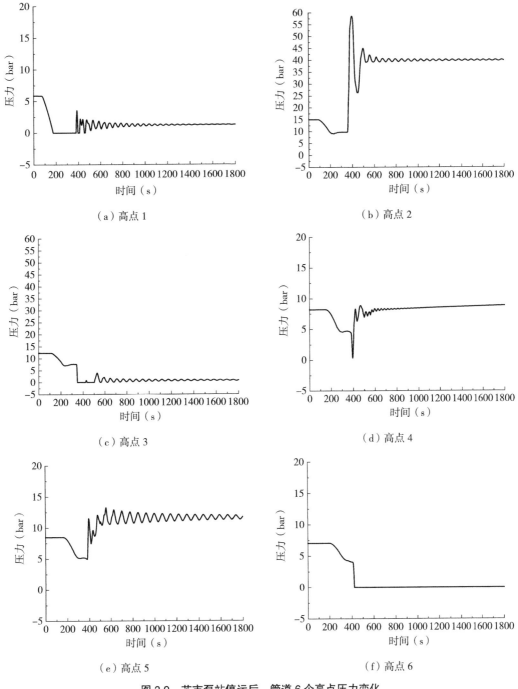

（a）高点 1　　（b）高点 2　　（c）高点 3　　（d）高点 4　　（e）高点 5　　（f）高点 6

图 3.9　芒市泵站停运后，管道 6 个高点压力变化

3.2.3 单向阀对水击传递的影响

为了研究单向阀对水击传递的影响，模拟去掉单向阀后，在三种输量下突然关闭截断阀。

当 E108 阀门突然关闭时，管道 6 个高点处的压力变化如图 3.10 所示。结果表明，当不加单向阀后，管道高点 1 处压力上升，最大压力值为 42.1bar，处于不断波动状态；管道高点 2 处压力波动变得更为剧烈，整个模拟时间段内的平均压力增加；管道高点 3 处压力保持在低压值一段时间，随后压力逐渐增加，最大压力达到了 15.0bar；管道高点 4 和管道高点 5 处压力均增加，最大压力值分别为 16.1bar 和 17.2bar；管道高点 6 处压力则维持稳定，压力趋势没有发生变化。

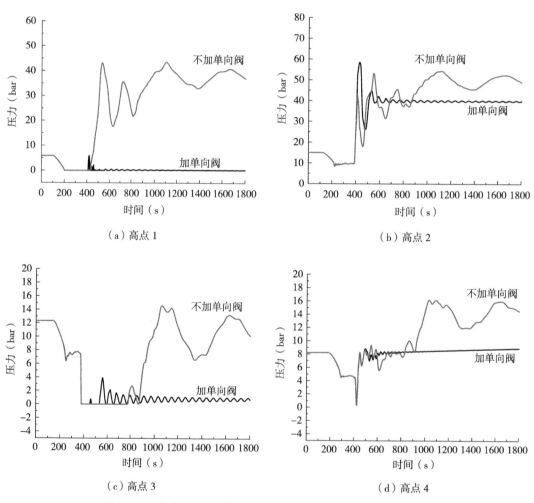

（a）高点 1　　　　　　　　　　　（b）高点 2

（c）高点 3　　　　　　　　　　　（d）高点 4

图 3.10　不加单向阀和加单向阀情况下管道 6 个高点处压力变化情况

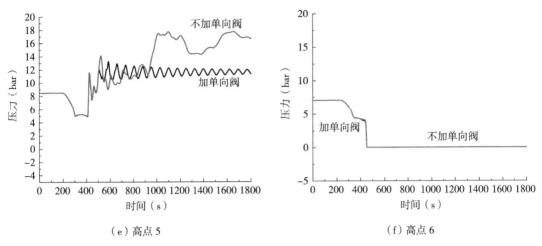

（e）高点5　　　　　　　　　　　（f）高点6

图 3.10　不加单向阀和加单向阀情况下管道 6 个高点处压力变化情况（续）

3.2.4　不稳定工况规律分布

通过以上模拟，得到三种输量下，不同位置关阀和各泵站停泵时，管道 6 个高点的低压持续时间和最大水击压力，见表 3.5 至表 3.10。

表 3.5　加单向阀三种输量下突然关阀时高点的低压持续时间

高点	输量（m³/h）	低压持续时间（s）						
		E108[①]	E109A[①]	I113[①]	E116[①]	J123[①]	E124[①]	E127[①]
高点1	1440	>1000	0	0	>1000	>1000	>1000	>1000
	1620	>1000	0	28	>1000	>1000	>1000	>1000
	1800	>1000	0	0	>1000	>1000	>1000	>1000
高点2	1440	0	164	0	0	0	0	0
	1620	0	208	0	0	0	0	0
	1800	0	193	0	0	0	0	0
高点3	1440	>1000	>1000	>1000	28	51	62	121
	1620	>1000	>1000	>1000	22	36	42	44
	1800	>1000	>1000	>1000	0	29	34	39
高点4	1440	0	0	0	5	0	0	0
	1620	0	0	0	0	0	0	0
	1800	0	0	0	0	0	0	0
高点5	1440	0	0	0	0	0	0	0
	1620	0	0	0	0	0	0	0
	1800	0	0	0	0	0	0	0
高点6	1440	>1000	>1000	>1000	>1000	>1000	>1000	0
	1620	>1000	>1000	>1000	>1000	>1000	>1000	0
	1800	>1000	>1000	>1000	>1000	>1000	>1000	0

①表示关闭阀门编号。

表 3.6　加单向阀三种输量下突然关阀时高点的最大水击压力

高点	输量（m³/h）	最大水击压力（bar）						
		E108①	E109A①	I113①	E116①	J123①	E124①	E127①
高点1	1440	5.8	12	7.5	3.1	2	1.7	1.5
	1620	2.5	12	8	5.9	2.1	2.2	2.3
	1800	2.2	20.1	14.8	7.5	2.5	2.4	2.4
高点2	1440	60	76	26	62	51	51	50
	1620	59	57	27.5	72.5	62	50.2	50.2
	1800	50.2	55	35.8	82	75	67.5	51.6
高点3	1440	8	7.2	5.1	6.1	10	9	7.8
	1620	5	13.5	13.2	47.5	30.5	10.5	7.8
	1800	25	18.8	19	62.5	52	36	8
高点4	1440	9	9	9	6.5	30.5	25	22
	1620	12	9.5	8.8	4.1	47.5	42.5	35.5
	1800	18	14	14	3.2	67.5	62.5	47
高点5	1440	13.5	13	12.5	9	7	42	40
	1620	19	16	15.5	12.4	6.5	60	52.5
	1800	18.5	17.5	17.5	14.5	7	77.8	67.5
高点6	1440	—	—	—	—	—	—	26
	1620	—	—	—	—	—	—	42.5
	1800	—	—	—	—	—	—	55.5

①表示关闭阀门编号。

表 3.7　加单向阀三种输量下突然停泵时高点的低压持续时间

高点	输量（m³/h）	低压持续时间（s）		
		芒市①	保山①	弥渡①
高点1	1440	228	60	75
	1620	284	131	134
	1800	207	92	93
高点2	1440	0	0	0
	1620	0	0	0
	1800	0	0	0
高点3	1440	130	96	77
	1620	122	107	302
	1800	34	39	39

高点	输量（m³/h）	低压持续时间（s）		
		芒市①	保山①	弥渡①
高点4	1440	0	0	0
	1620	0	0	0
	1800	0	0	0
高点5	1440	0	0	0
	1620	0	0	0
	1800	0	0	0
高点6	1440	>1000	>1000	>1000
	1620	>1000	>1000	>1000
	1800	0	0	0

①表示停运泵站。

表 3.8　加单向阀三种输量下突然停泵时高点的最大水击压力

高点	输量（m³/h）	最大水击压力（bar）		
		芒市①	保山①	弥渡①
高点1	1440	3	2	2
	1620	2.3	2.2	2.4
	1800	—	2.4	2.4
高点2	1440	58	60.5	58
	1620	60	60	60
	1800	67	51.9	52
高点3	1440	7.5	4.9	11.8
	1620	4.9	5	12
	1800	40	8	9
高点4	1440	8	11.5	15.1
	1620	11.8	12.6	23
	1800	45	39.8	42.9
高点5	1440	13	15	15.2
	1620	19.9	22.5	24
	1800	65	60	55
高点6	1440	—	—	—
	1620	—	—	—
	1800	55	50	45.5

①表示停运泵站。

表 3.9　不加单向阀后三种输量下突然关阀时高点的低压持续时间

高点	输量（m³/h）	低压持续时间（s）						
		E108[①]	E109A[①]	I113[①]	E116[①]	J123[①]	E124[①]	E127[①]
高点1	1440	223	103	115	115	136	136	137
	1620	281	144	201	143	174	174	175
	1800	256	92	106	72	100	106	109
高点2	1440	0	162	27	0	0	0	0
	1620	0	208	25	0	0	0	0
	1800	0	188	28	0	0	0	0
高点3	1440	390	415	396	>1000	>1000	>1000	183
	1620	408	349	345	>1000	>1000	>1000	169
	1800	383	304	312	373	112	105	133
高点4	1440	0	0	0	6	155	106	0
	1620	0	0	0	0	131	99	0
	1800	0	0	0	0	111	86	0
高点5	1440	0	0	0	0	0	0	0
	1620	0	0	0	0	0	0	0
	1800	0	0	0	0	0	0	0
高点6	1440	>1000	>1000	>1000	>1000	>1000	>1000	>1000
	1620	>1000	>1000	>1000	>1000	>1000	>1000	>1000
	1800	>1000	>1000	>1000	>1000	>1000	>1000	464

①表示关闭阀门编号。

表 3.10　不加单向阀后三种输量下突然关阀时高点的最大水击压力

高点	输量（m³/h）	最大水击压力（bar）						
		E108[①]	E109A[①]	I113[①]	E116[①]	J123[①]	E124[①]	E127[①]
高点1	1440	45	13	10	33	35	35	36.5
	1620	45	13.5	10.6	33.5	35	35	36
	1800	45	20	18	35	39.5	39.6	40
高点2	1440	55	75.5	25	45	45.5	45.5	49.5
	1620	55	67.8	25.9	44	45	45	49
	1800	55	66	35	50	59.8	52	50.5
高点3	1440	15	14.5	13.9	27.5	3.5	3	11
	1620	15	14	14	45.5	30.5	9	10.5
	1800	15	14	14	65	50	40	12

续表

高点	输量（m³/h）	最大水击压力（bar）						
		E108①	E109A①	I113①	E116①	J123①	E124①	E127①
高点4	1440	16.5	17	16.5	18.6	27.5	27.5	21
	1620	**15.5**	16	16	16	45	45	34.5
	1800	17	15.5	16	17	65	65	45.5
高点5	1440	18	18.5	18.6	21.9	23	31.5	32
	1620	19.5	17	18	20	22	50	45.5
	1800	23	20	18	18.5	20	69	57
高点6	1440	—	—	—	—	—	—	27.9
	1620	—	—	—	—	—	—	42.5
	1800	—	—	—	—	—	—	55

①表示关闭阀门编号。

针对关阀引起的水击，总体来说：6个高点中高点6、高点3、高点1容易持续低压，高点2容易产生较大水击压力；阀门的位置对高点的压力变化有极大的影响，突然关阀后，阀门后的第一个高点容易长时间低压，阀门前的第一个高点易产生较高的水击压力；输量越大，高点的最大水击压力越大；输量为1800m³/h时，低压持续时间最短。

针对停泵引起的水击，总体来说：6个高点中高点6、高点1、高点3容易持续低压，高点2容易产生较大水击压力；输量越大，高点的最大水击压力越大；输量为1800m³/h时，低压持续时间最短。

针对有单向阀和无单向阀关阀引起的水击，总体来说：全线高点1、高点3、高点6容易产生低压，需着重进行负压保护；高点2容易产生较大水击压力，需着重进行水击保护；加单向阀后高点的压力波动更小，稳定更快，最大水击压力偏小。输量为1440m³/h时加单向阀与不加单向阀高点1和高点3的低压持续时间比较见表3.11。

表3.11 输量为1440m³/h时高点1和高点3的低压持续时间

阀门	高点1低压持续时间（s）		高点1选择	高点3低压持续时间（s）		高点3选择
	加单向阀	无单向阀		加单向阀	无单向阀	
E108	>1000	223	无单向阀	>1000	309	无单向阀
E109A	0	103	加单向阀	>1000	415	无单向阀
I113	0	115	加单向阀	>1000	396	无单向阀
E116	>1000	115	无单向阀	28	>1000	加单向阀
J123	>1000	136	无单向阀	51	>1000	加单向阀
E124	>1000	136	无单向阀	62	>1000	加单向阀
E127	>1000	137	无单向阀	121	183	加单向阀

3.3　中缅原油管道不稳定流动局部高点压力波动分析

基于表 3.2 的管段范围，利用仿真软件建立大落差管道不稳定流动仿真模型。控制仿真模型两端节点压力，从而形成不同流速下的不同初始稳态压力瞬变工况；通过选定不同位置的动作阀门，设置不同的关阀时间，共 150 种工况，分析局部高点压力的变化情况，并总结出一般性的规律。

3.3.1　气体存在位置

对于不稳定工况，如突然停泵或者快速关闭阀门，其产生的减压波会引起管道局部压力快速降低，产生的气泡和蒸气相结合并且随液体运行，聚积成大气泡或者气囊以不连续的多个或独立气囊存在于管顶，气囊长度及其占管道横截面面积的比例即截面含气率取决于液体中气体的含气率、压力波动情况、管径大小及管道纵断面条件等。正确认识管道中气囊的存在位置和运动规律，对保障管路的安全运行意义重大。这些微小气泡在随着液流流动的过程中会聚集一起逐渐形成气囊，气囊虽然同液体处于相同的压强之下，但是因为气体的密度远远小于液体，故气囊多存在于管道的上部，沿管顶随液流运动。理论研究和实践表明：在长输管道的高程起伏较大的管段中，气囊多存在于管道的高程点且不易被液流带走；在平缓的管段中，多个气囊则以不连续的相态：独立的形式分散在管段中随着液流流动。

气囊在管道内所处的具体位置，不仅取决于管线的高程，也与气囊的受力平衡条件有关，当气囊所受合外力沿管轴向的分力同液流方向一致时，气囊随液流方向前进；相反，如果气囊所受合外力沿管轴向的分力同液流方向相反时，气囊不随液流流动，甚至还会逆向流动，故上坡段的气体比起下坡段更容易随液流流动排出。气囊可能存在的位置还与管内压力和流速的大小以及管壁粗糙程度也有关，其影响因素众多。

因此，针对中缅管道投产运行过程中易出现低压的管段进行不稳定工况分析，预测高点处气泡产生的基本条件。

3.3.2　模拟工况的确定

通过 3.2 节可知，影响高点水击压力变化的因素考虑有：介质流速 v、局部高点距上游的管线长度（L_1）、关阀位置与高点之间的管线长度（L_2）与高程差（ΔH）、关阀时间的大小 t、局部高点稳态时初始压力 p_0。根据相关资料：一期建设瑞丽—禄丰干线管道以及安宁支线设计输量为 $1300 \times 10^4 \mathrm{t/a}$，二期设计输量瑞丽—禄丰增输至 $2300 \times 10^4 \mathrm{t/a}$；安宁支线设计输量为 $1300 \times 10^4 \mathrm{t/a}$。因此分别选取管道输量 $1300 \times 10^4 \mathrm{t/a}$ 的 80%、90%、100%，通过关阀水击模拟，分析其他影响因素对高点水击压力的影响。

基于中缅管道不同输量下运行过程中易出现低压的管段位置，以泵站为起始点选取三段管段，并结合阀门位置分布情况，选取相应管段中位置阀门（图3.11），进行不同条件下的关阀水击模拟，并记录数据，分析管段高点压力的变化规律。具体工况见表3.12，高点位置见表3.13。

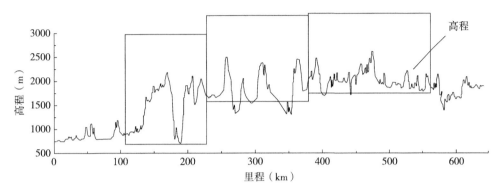

图3.11　模拟管段的位置及各阀门分布情况

表3.12　模拟工况

工况	p_0（bar）	t（s）	阀	ΔH（m）	高点	L_1（km）（高点距阀门）	管段
设计输量的80%，流速为0.7709m/s	2.11	60	E109A	1341.3	1	15.8	D_1
		120					
		180					
	6.11	60					
		120					
		180					
	2.11	60	I113	318.0	1	47.3	
		120					
		180					
	6.11	60					
		120					
		180					
	12.20	60		246.4	2	9.6	
		120					
		180					

续表

工况	p_0（bar）	t（s）	阀	ΔH（m）	高点	L_1（km）（高点距阀门）	管段
设计输量的80%，流速为0.7709m/s	7.74	60	E116	1145.9	3	17.3	D₂
		120					
		180					
	10.73	60					
		120					
		180					
	3.30	60	J123	361.2		129.9	
		120					
		180					
	2.04	60		332.9	4	22.4	
		120					
		180					
	2.03	60			4		
		120					
		180					
	5.12	60		321.1	5	3.5	
		120					
		180					
	1.54	60	E127	629.4	6	8.7	D₃
		120					
		180					
	5.54	60					
		120					
		180					
设计输量的90%，流速为0.8673m/s	6.99	60	E109A	1341.3	1	15.8	D₁
		120					
		180					
	3.48	60					
		120					
		180					
	5.00	60	E109A	1341.3	1		
		120					
		180					
	6.99	60	I113	318.0	1	47.3	
		120					
		180					

工况	p_0（bar）	t（s）	阀	ΔH（m）	高点	L_1（km）（高点距阀门）	管段
设计输量的90%，流速为0.8673m/s	16.59	60	I113	246.4	2	9.6	D_1
		120					
		180					
	3.48	60		318.0	1	47.3	
		120					
		180					
	13.18	60		246.4	2	9.6	
		120					
		180					
	5.00	60		318.0	1	47.3	
		120					
		180					
	14.59	60		246.4	2	9.6	
		120					
		180					
	25.73	60	E116	1145.9	3	17.3	D_2
		120					
		180					
	9.77	60					
		120					
		180					
	7.78	60					
		120					
		180					
	25.73	60	J123	361.2	3	129.9	
		120					
		180					
	26.30	60		321.1	5	3.5	
		120					
		180					

工况	p_0（bar）	t（s）	阀	ΔH（m）	高点	L_1（km） （高点距阀门）	管段
设计输量的90%，流速为0.8673m/s	23.20	60	J123	332.9	4	22.4	D_2
		120					
		180					
	9.77	60		361.2	3	129.9	
		120					
		180					
	10.35	60		321.1	5	3.5	
		120					
		180					
	7.24	60		332.9	4	22.4	
		120					
		180					
	7.78	60		361.2	3	129.9	
		120					
		180					
	8.35	60		321.1	5	3.5	
		120					
		180					
	5.25	60		332.9	4	22.4	
		120					
		180					
	15.05	60	E127				D_3
		120					
		180					
	7.08	60		629.4	6	8.7	
		120					
		180					
	3.09	60					
		120					
		180					

工况	p_0（bar）	t（s）	阀	ΔH（m）	高点	L_1（km）（高点距阀门）	管段
设计输量的100%，流速为0.9636m/s	4.54	60	E109A	1341.3	1	15.8	D₁
		120					
		180					
	10.53	60					
		120					
		180					
	13.66	60		1269.7	2	21.9	
		120					
		180					
	0.55	60	I113	318.0	1	47.3	
		120					
		180					
	10.53	60		318.0	1	47.3	
		120					
		180					
	9.67	60		246.4	2	9.6	
		120					
		180					
	10.52	60	E116	1145.9	3	17.3	D₂
		120					
		180					
	15.51	60					
		120					
		180					
	2.68	60	J123	361.2	4	22.4	
		120					
		180					
	5.79	60		332.9	5	3.5	
		120					
		180					
	3.73	60	E127	629.453	6	8.7	D₃
		120					
		180					
	8.73	60					
		120					
		180					

表 3.13 高点位置

管段	D_1		D_2		D_3
高点	高点1	高点2	高点3	高点4	高点5	高点6
距瑞丽首站距离（km）	169.4	207.1	257.1	364.6	390.5	473.7

3.3.3 模拟结果

基于以上模拟工况，利用仿真软件进行不稳定工况模拟，模拟结果见表 3.14。

表 3.14 模拟结果

v（m/s）	p_0（bar）	t（s）	阀	H（m）	高点 p_i	L_1（m）	p_i压力（bar）	低压持续时间（s）	管段
0.7709	2.1165	60	E109A	1341.345	1	15.8	0.01	74.542	
		120					0.01	74.047	
		180					0.01	73.56	
	6.1144	60					1.0663	0	
		120					1.14296	0	
		180					1.25593	0	
	2.1165	60	I113	318.043	1	47.3	0.01	72.619	D_1
		120					0.01	72.07	
		180					0.01	71.572	
	6.1144	60					2.3291	0	
		120					2.3792	0	
		180					2.4418	0	
	12.2084	60		246.403	2	9.6	10.9965	0	
		120					10.9986	0	
		180					11.0055	0	
	7.748	60	E116	1145.972	3	17.3	0.01	7.856	
		120					0.01	6.731	
		180					0.01	5.288	
	10.7399	60					1.7497	0	D_2
		120					1.9724	0	
		180					2.2463	0	
	3.3016	60	J123	361.279		129.9	0.01	21.449	
		120					0.01	18.928	
		180					0.01	16.429	

v（m/s）	p_0（bar）	t（s）	阀	H（m）	高点 p_i	L_1（m）	p_i压力（bar）	低压持续时间（s）	管段
0.7709	2.0418	60	J123	332.962	4	22.4	1.1647	0	D_2
		120					1.1853	0	
		180					1.1926	0	
	2.0367	60			4	22.4	0.01	6.674	
		120					0.01	5.963	
		180					0.01	4.114	
	5.1283	60		321.195	5	3.5	4.2069	0	
		120					4.2319	0	
		180					4.2354	0	
	1.5454	60	E127	629.453	6	8.7	0.01	92.278	D_3
		120					0.01	91.819	
		180					0.01	91.42	
	5.5456	60				8.7	1.0091	0	
		120					1.10509	0	
		180					1.22832	0	
0.9636	4.5423	60	E109A	1341.345	1	15.8	0.01	17.579	D_1
		120					0.01	17.069	
		180					0.01	16.776	
	10.5336	60					5.4397	0	
		120					5.5448	0	
		180					5.6884	0	
	13.6667	60		1269.705	2	21.9	0.01	36.9866	
		120					0.01	35.957	
		180					0.01	34.967	
	0.556	60	I113	318.043	1	47.3	0.01`	75.301	
		120					0.01	75.014	
		180					0.01	74.722	
	10.5336	60					7.1698	0	
		120					7.2419	0	
		180					7.3228	0	
	9.675	60		246.403	2	9.6	10.6564	0	
		120					10.7225	0	
		180					10.8364	0	

v（m/s）	p_0（bar）	t（s）	阀	H（m）	高点 p_i	L_1（m）	p_i压力（bar）	低压持续时间（s）	管段
0.9636	10.5235	60	E116	1145.972	3	17.3	0.01	2.526	D₂
		120					0.01	1.404	
		180					0.3567	0	
	15.518	60					4.657	0	
		120					4.957	0	
		180					5.3302	0	
	2.6817	60	J123	361.279	4	22.4	0.01	10.424	
		120					0.01	8.968	
		180					0.01	6.568	
	5.79	60		332.962	5	3.5	3.5828	0	
		120					3.6262	0	
		180					3.6507	0	
	3.7338	60	E127	629.453	6	8.7	0.01	18.154	D₃
		120					0.01	17.24	
		180					0.01	16.114	
	8.7339	60					4.4526	0	
		120					4.5771	0	
		180					4.7335	0	
0.8673	6.9971	60	E109A	1341.345	1	15.8	1.866	0	
		120					1.9586	0	
		180					2.0876	0	
	3.4898	60					0.01	44.4	
		120					0.01	43.81	
		180					0.01	43.33	
	5.0038	60					0.01	5.71	
		120					0.01	3.13	
		180					0.1	0	
	6.9971	60	I113	318.043	1	47.3	3.3857	0	
		120					3.4411	0	
		180					3.5097	0	
	16.5941	60		246.403	2	9.6	14.2381	0	
		120					14.3339	0	
		180					14.4308	0	

续表

v（m/s）	p_0（bar）	t（s）	阀	H（m）	高点 p_i	L_1（m）	p_i压力（bar）	低压持续时间（s）	管段
0.8673	3.4898	60	I113	318.043	1	47.3	0.01	14.06	
		120					0.01	13.41	
		180					0.01	11,81	
	13.1815	60		246.403	2	9.6	10.878	0	
		120					10.9123	0	
		180					10.9389	0	
	5.0038	60		318.043	1	47.3	1.39117	0	
		120					1.4481	0	
		180					1.5227	0	
	14.5979	60		246.403	2	9.6	12.2457	0	
		120					12.3354	0	
		180					12.4256	0	
	25.7312	60	E116	1145.972	3	17.3	15.7433	0	
		120					16.0398	0	
		180					16.3334	0	
	9.7774	60					0.01	1.45	
		120					0.0793	0.49	
		180					0.4039	0	
	7.7828	60					0.01	8.69	
		120					0.01	7.89	
		180					0.01	6.86	
	25.7312	60	J123	361.279	3	129.9	21.2089	0	
		120					21.3826	0	
		180					21.5734	0	
	26.3091	60		321.195	5	3.5	25.7251	0	
		120					25.7759	0	
		180					25.8398	0	
	23.2026	60		332.962	4	22.4	22.6729	0	
		120					22.7268	0	
		180					22.7846	0	
	9.7774	60		361.279	3	129.9	5.2695	0	
		120					5.4409	0	
		180					5.6292	0	

v（m/s）	p_0（bar）	t（s）	阀	H（m）	高点 p_i	L_1（m）	p_i压力（bar）	低压持续时间（s）	管段
0.8673	10.3533	60		321.195	5	3.5	9.7925	0	
		120					9.8404	0	
		180					9.9032	0	
	7.2491	60		332.962	4	22.4	6.7388	0	
		120					6.7937	0	
		180					6.8512	0	
	7.7828	60	J123	361.279	3	129.9	3.277	0	
		120					3.4493	0	
		180					3.6327	0	
	8.3588	60		321.195	5	3.5	7.803	0	
		120					7.8524	0	
		180					7.914	0	
	5.2549	60		332.962	4	22.4	4.7466	0	
		120					4.799	0	
		180					4.8586	0	
	15.0542	60					10.5746	0	
		120					10.6905	0	
		180					10.8267	0	
	7.08127	60	E127	629.453	6	8.7	2.61284	0	
		120					2.7233	0	
		180					2.8642	0	
	3.0948	60					0.01	38.22	
		120					0.01	37.56	
		180					0.01	37.05	

从以上结果中可知，当高点初始稳态压力大于 4bar 时，不稳定流动工况下高点处的油品不会发生气化。当压力介于 2 ~ 4bar 之间时，局部高点会出现不同程度的低压，但持续时间低于 90s，对管道运行管理影响较小。具体见表 3.15。

表 3.15　高点低压持续时间对比

流速 v（m/s）	高点初始稳态压力 p_0（bar）	动作阀门	关阀时间 t（s）	高点	低压持续时间（s）
0.7709	2.1165	E109A	180	1	73.65
0.7709	5.7212	E109A	180	1	23.16
0.7709	1.5454	E127	180	6	89.42
0.7709	5.5456	E127	180	6	13.24
0.8673	3.4898	E109A	180	1	43.33
0.8673	3.0948	E127	180	6	37.05
0.9636	3.7338	E127	180	6	16.11

3.4　不稳定流动工况下局部高点压力预测方程的建立

3.4.1　拟合思路

根据前文模拟的水击工况数据，将模拟得到的局部高点压力值与所在环境温度下油品的饱和蒸气压进行对比，不同的对比情况采用不同的数据处理形式，利用数据拟合软件，进行方程拟合。由拟合方程的相关度越大，决定方程形式，最终确定局部高点压力在什么条件下会发生水击，以及判断发生水击时高点的低压持续时间（图 3.12）。

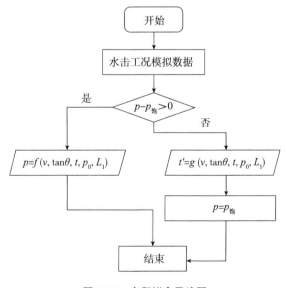

图 3.12　方程拟合思路图

3.4.2 拟合结果

3.4.2.1 局部高点压力

利用数据拟合软件，基于拟合思路流程图并结合 4.3.3 节模拟数据结果，拟合出管段局部高点 p 与管内介质流速 v、关阀时间 t、阀门与高点之间的管线长度 L_2 与高程差 ΔH 构成的正切值 $\tan\theta$、局部高点距上游的管线长度 L_1 以及高点稳态时的压力 p_0 之间关系。

采用分步拟合方式，分析任意两个变量与高点压力之间的关系式，取相关度大的两组，即式（3.1）与式（3.2），将式（3.1）代入式（3.3）中，即得到局部高点压力与 p_0、$\tan\theta$、t 之间的关系式。最后，将式（3.2）与式（3.3）代入式（3.4）中，得到最终方程式。各参数值见表 3.16。

$$Y_1 = a_1 + a_2 p_0 + a_3 p_0^2 + \frac{a_4}{1 + \left(\dfrac{\tan\theta - a_5}{a_6}\right)^2} \tag{3.1}$$

$$Y_2 = b_1 v^2 + b_2 v + b_3 + \exp(-1)^{L_1} \tag{3.2}$$

$$Y_3 = c_1 + c_2 Y_1 + c_3 Y_1^2 + c_4 Y_1^3 + c_5 t \tag{3.3}$$

$$\tan\theta = \frac{\Delta H}{L_2} \tag{3.4}$$

$$p = p_1 + p_2 Y_3 - p_3 \log_2(Y_2) - p_4 [\log_2(Y_2)]^2 - p_5 [\log_2(Y_2)]^3 - p_6 [\log_{1.6}(Y_2)]^4 \tag{3.5}$$

式中 p——高点压力，bar；

        v——管内介质流速，m/s；

        t——关阀时间，s；

        p_0——高点稳态压力，bar；

        L_1——局部高点距上游的管线长度，km；

        L_2——局部高点距动作阀门的管线长度，km；

        ΔH——局部高点与动作阀门的高程差，m；

        a_i，b_i，c_i，p_i——常数参数。

表 3.16　各参数值［式（3.1）至式（3.5）］

参数	值
a_1	−2.0179
a_2	0.9811
a_3	0.0010

参数	值
a_4	−13.2006
a_5	0.0616
a_6	0.0053
b_1	−10.0000
b_2	−10.0000
b_3	30.0000
c_1	0.5349
c_2	0.6344
c_3	0.0403
c_4	−0.0011
c_5	0.0013
p_1	−1.5680
p_2	0.9194
p_3	1.8964
p_4	−0.6217
p_5	0.0731
p_6	−0.0026

3.4.2.2 低压持续时间

利用数据拟合软件，基于拟合思路流程图并结合表的模拟数据结果，拟合出管段局部高点低压持续时间 t' 与管内介质流速 v、关阀时间 t、阀门与高点之间的管线长度 L_2 与高程差 ΔH 构成的正切值 $\tan\theta$、局部高点距上游的管线长度 L_1 以及高点稳态时的压力 p_0 之间关系式。

采用分步拟合方式，分析任意两个变量与局部高点低压持续时间之间的关系式，取相关度大的两组，即式（3.6）与式（3.7）。将式（3.6）代入式（3.8）中，即得到局部高点低压持续时间与 p_0、$\tan\theta$、t 之间的关系式。最后，将式（3.8）与式（3.9）代入式（3.10）中，得到最终方程式。各参数值见表 3.17。

$$Y_1 = a_1 + a_2 p_0 + a_3 p_0^2 + a_4 p_0^3 + a_5 p_0^4 + a_6 p_0^5 + \frac{a_7}{\tan\theta} + \frac{a_8}{\tan^2\theta} + \frac{a_9}{\tan^3\theta} + \frac{a_{10}}{\tan^4\theta} \tag{3.6}$$

$$Y_2 = \frac{b_1 + b_2 v + b_3 v^2 + b_4 L_1 + b_5 L_1^2 + b_6 L_1^3}{1 + b_7 v + b_8 v^2 + b_9 v^3 + b_{10} L_1 + b_{11} L_1^2} \tag{3.7}$$

$$Y_3 = c_1 + c_2 Y_1 + c_3 Y_1^2 + c_4 Y_1^3 + c_5 t \tag{3.8}$$

$$\tan \theta = \frac{\Delta H}{L_2} \qquad (3.9)$$

$$t' = p_1 Y_3^{p_2} Y_2^{p_3} \qquad (3.10)$$

式中　　t'——高点低压持续时间，s；

　　　　v——管内介质流速，m/s；

　　　　t——关阀时间，s；

　　　　p_0——高点稳态压力，bar；

　　　　L_1——局部高点距上游的管线长度，km；

　　　　L_2——局部高点距动作阀门的管线长度，km；

　　　　ΔH——局部高点与动作阀门的高程差，m；

　　　　a_i，b_i，c_i，p_i——常数参数。

表 3.17　各参数值 [式（3.6）至式（3.10）]

参数	值
a_1	95.2742
a_2	52.6801
a_3	−37.8852
a_4	7.4943
a_5	−0.5937
a_6	0.0164
a_7	−1.9579
a_8	0.0096
a_9	2.92×10^{-5}
a_{10}	-1.16×10^{-7}
b_1	1492.4952
b_2	−3570.5839
b_3	2243.0245
b_4	1.7328
b_5	0.1584
b_6	−0.0015
b_7	−15.0785
b_8	33.3270
b_9	−0.0160
b_{10}	−0.0273
b_{11}	−0.0004

参数	值
c_1	4.8911
c_2	0.4904
c_3	0.0129
c_4	-8.60×10^{-5}
c_5	-0.0120
p_1	0.7560
p_2	0.9143
p_3	0.1606

3.4.3 方程验证

针对中缅原油管道划分的三段管段，选取六种校验工况进行关阀水击模拟，并将读取的仿真模型结果与方程计算值进行比较，验证拟合方程的准确性。由试验结果可知，拟合方程计算结果与仿真模型计算结果相对偏差在5%以内，因此局部高点压力及低压持续时间预测方程的预测结果较好（表3.18）。

表3.18 验证数据与结果

管段范围（km）	v（m/s）	t（s）	p_0（bar）	L_1（km）	$\tan\theta$	模型数据		计算数据		精度（%）
						p（MPa）	t'（s）	p（MPa）	t'（s）	
110.1 ~ 249.4	0.7709	60	10.0892	15.8	0.085	0.51		0.50		1.96
	0.7709	60	4.1097	15.8	0.085		31.6		30.1	4.70
249.4 ~ 402.9	0.8673	120	13.7569	17.3	0.066	0.41		0.42		2.43
	0.8673	120	5.7801	17.3	0.066		10.8		11.1	2.78
402.9 ~ 605.3	0.9636	180	5.7271	8.7	0.072	0.21		0.20		4.76
	0.9636	180	1.7406	8.7	0.072		59.5		60.7	2.02

4 山地输油管道弥合水击模型与分析

4.1 气体释放

在油品中含有溶解气同时含有轻质组分的情况下，当管道输送压力下降到一定值后，溶解气和轻质组分就会逸出。逸出的气泡会在管壁上或者在油品中的悬浮颗粒周围形成气泡，气泡随着液体流动，形成气穴。

4.1.1 压力降低与气体释放

在管道水击过程中，当管道的上游边界因为阀门关闭过快或泵机组突然停运等原因导致压力降低时，会产生减压波向下游传播，引起下游管道内液体的压力迅速降低，在减压波传播过程中，释放的气体主要由下面两个部分组成。

（1）溶解气的逸出。

当管道受到减压波作用，管内压力下降到溶解气的饱和压力时，原来溶解在液体里的气体就会过饱和逸出，通常在液体中存在有悬浮状态的微粒，逸出的气体在管壁上或在油品中的悬浮颗粒周围形成很多的小气泡，这种现象称作气体的逸出。气体的逸出过程中，先出现微小的空气泡，形成气泡核心，随着压力进一步降低小气泡不断长大、结合，在管内形成一定范围的气泡流。

（2）液体的汽化。

当管内压力进一步降低到当时温度下的液体饱和蒸气压且持续时间足够长时，管内液体就会汽化，产生蒸气，蒸气与已形成的小气泡相结合，形成较大的气囊在管内上升，气囊会进一步地发展形成气团、气（汽）穴，气囊随着液体流动，形成气穴流，特别是在管道高程较大的地方处，气囊发生聚集甚至会把液体隔开，隔断整个管道截面，破坏了液体的连续性。

纯液体的饱和蒸气压只随温度而变，原油和各种成品油都是多种烃类的混合物[28]。其饱和蒸气压不仅随温度而变，还随混合物的组分及气液相的体积比而不同。对于矿场原油，情况更复杂了，矿场油库储罐里的原油是油井产出的油、气、水混合物经过多次油、气、水分离后得到的液态原油，这种原油都会含有一定量的游离气和溶解气，管输原油时由于压降而引起的气体释放的过程，会在液态原油中形成很多细小的气泡，尤其是当原油中含有一定量的胶质、沥青质等表面活性物质时，这些分散在原油中的胶质、沥青质会降低原油的表面张力，增加气泡膜的强度，当原油的黏度较大时，沥青质的存在会显著提高原油中泡沫的稳定性，致使原油在气体释放过程中会形成很多不易破灭的气泡。上述因素会影响低压区油品的汽化过程，也会影响高压区气泡的破灭过程，这些因素使分析管输原油时的弥合水击现象变得更加复杂，输油管路尤其是原油管路，在什么条件下会发生液柱分离，液柱分离产生的危害有多大，日前这方面的工作做得很少，还需要更多的研究。

4.1.2　液体中所能溶解的饱和含气量

在弥合水击过程中压力是不断波动的，减压波的传播会造成管道沿线压力降低，在这个降压过程中气体会不断地从液体中释放出来，从而液体中的含气量是不断变化的，当压力降低到一定值时，液体中的溶解气会不断从液体中逸出，并在新的压力条件下达到新的溶解平衡状态，在标准大气压下，液体中所能溶解的饱和含气量 V_g 可用 Henry 数学模型来表示[29]：

$$V_\mathrm{g} = S\frac{H_\mathrm{s}}{H_\mathrm{o}}V \tag{4.1}$$

式中　　S——溶解度系数；

　　　　H_s——饱和压头（绝对），m；

　　　　H_o——标准大气压头（绝对），m；

　　　　V——液体体积，m^3。

溶解度系数 S 随温度升高而减少，在 25℃ 及标准压力状态下，水中的氮、空气、氧和二氧化碳的 S 分别为 0.0143、0.0184、0.0238 及 0.759。

4.1.3　气体的逸出速率和逸出量

水击过程中气体逸出量和逸出速率的精确表达式是很复杂的，如果要考虑气体逸出对水击计算的影响，需要考虑到许多未知因素，影响气体逸出量和逸出速率的主要因素是液体的湍流度、超饱和程度、自由气体的空穴率及溶解系数等。假定气体一旦从液体中逸出，可认为在整个水击过程中就不再被液体重新吸收即气体的逸出过程为单向过程，气体逸出速率可用 Kranenburg 数学模型来表示，Kranenburg 数学模型是以气泡动力学为理论基础建立的[30]：

$$\dot{m} = \frac{\mathrm{d}m}{\mathrm{d}t} = 4R\beta(p_\mathrm{S} - p_\mathrm{G})\sqrt{2\pi vdR} \tag{4.2}$$

式中　　$\dot{m}$——单位液体体积中气体的质量逸出速率，kg/s；

　　　　R——气泡或气核半径，m；

　　　　β——亨利常数，表示单位液体体积中所溶解气体的体积；

　　　　p_S——气体的饱和压强，Pa；

p_G——气体的实际压强，Pa；

d——气体的扩散系数；

v——气液相间的相对滑移速度，m/s。

从式（4.2）可以看出气体逸出率 $\dot{m}$ 是气泡或气核半径 R、亨利常数 β、气体的饱和压强 p_S、气体的实际压强 p_G 和气液相间的相对滑移速度 v 等的函数，故在工程实际中，v 很难确定，并且常常采用均相流模型来计算分析气液两相流，在均相流模型中把气液混合物视为均匀介质，气相速度和液相速度相等即相对滑移速度 $v=0$，而利用 Kranenburg 数学模型计算气体释放时又令 $v \neq 0$，前后矛盾，因此模型还需进一步完善和改进。当采用均匀流模型，即气液相间相对滑移速度很小时可以忽略不计，采用下列数学模型分析计算气液两相流：

$$\dot{m} = \frac{dm}{dt} = 4R\beta(p_S - p_G)\left(1 - \frac{\dfrac{2}{3}\dfrac{\sigma}{R}}{p_G}\right) \tag{4.3}$$

式中　　σ——表面张力系数。

综上所述，通过一系列对气体释放和重新吸收的试验和研究可知，水击过程中气体逸出率的数学模型的精确表达式是很复杂的，把气体释放引入到水击计算之中需要考虑到许多未知因素，总结出下列经验公式：

$$\dot{m} = C_k(H_S - H_{液}) \tag{4.4}$$

式中　　H_S——液体的饱和压头，m；

　　　　$H_{液}$——液体的压头，m；

　　　　C_k——与溶解度系数等较为次要参数相关的综合系数。

上述经验公式认为气体从液体逸出后，在新的压力条件下建立新的气液平衡关系过程中气体被液体重新吸收的速率很慢，认为气体逸出过程是单向的，当气体逸出进行到一定程度，溶解气体的分压低于饱和溶解压力时，气体逸出停止，不考虑再溶解过程。气体逸出是非常缓慢的，在水击过程中减压波和增压波交替在管道内很快的传播，故认为液体中气体的逸出量很少，但仍会对水击波的传播速度有一定的影响，如果管道沿线安装了空气阀使大量自由空气混入液体中时，就可以忽略液体中气体的逸出量。

4.2　弥合水击数学模型

4.2.1　集中空穴模型

（1）模型的假设条件。

即使自由气泡是均匀混合在液体中，本模型人为地将它们集中于各计算截面上。孤立地计算位于截面上的小气泡，其压力和体积的变化遵循等温规律。而计算截面之间的液体则假定是纯液体。不含任何自由气体，由于是将实际均匀分布在管道里的气体等量地集中到计算截面上，程序执行的结果好像有一等效的波的传播速度[31-34]。

（2）气泡体积的计算。

计算截面上的气泡实际上是一种混合气团，它包括液体蒸气和自由气体两种成分。根据道尔顿原理，气泡的总压力 p（绝对）应该是蒸气分压 p_V 和自由气体分压 p_g 的和，即：

$$p = p_V + p_g \tag{4.5}$$

对于质量为 m_g 的自由气体，根据完全气体的状态方程应有

$$p_g \forall_g = m_g RT \tag{4.6}$$

式中　　$\forall_g$——气泡体积，m^3；

R——气体常数，$J/(mol \cdot K)$。

对于蒸气，在完全气体的假定下，也应该有

$$p_V \forall_V = m_V RT \tag{4.7}$$

如果不考虑气体逸出，且原液体中含有一定量的自由气体，这时可设 β_0 为某标准状态时的体积含气率（空穴比），那么式（4.6）可表示为

$$p_g \forall_g = p_g \beta_g \forall = p_0 \beta_0 \forall \tag{4.8}$$

式中　　p_0——标准状态时的压力，Pa；

$\forall$——两计算截面之间混合气体的体积，m^3；

β_g——p_g 对应的体积含气率（空穴比）。

在处理不稳定流动问题时，采用水力坡度线的概念比较方便，因而有

$$p_g = \rho g (H - Z - H_V) \tag{4.9a}$$

其中

$$H_V = p_V / \rho g - H_a \tag{4.9b}$$

式中　　p_V——绝对蒸气压力，Pa；

Z——计算截面的标高，m；

H_a——大气压头。

由式（4.8）及式（4.9）可得气泡体积为

$$\forall_{gp} = \frac{c_3}{H - Z - H_V} \tag{4.10}$$

$$c_3 = \frac{p_0 \beta_0 \forall}{\rho g} \tag{4.11}$$

若考虑气体逸出，则有

$$\begin{cases} c_3 = \dfrac{p_0 \beta \forall}{\rho g} \\ \beta = \beta_0 + \dfrac{\zeta \displaystyle\int_{t_1}^{t_2} m \mathrm{d}t}{\rho_e g} \end{cases} \tag{4.12}$$

式中 m——气体释放率，kg/s；

ρ_e——逸出气体密度，kg/m³；

ζ——转换成标准状态的系数。

节点处气泡体积的变化应满足如下方程：

$$\frac{\mathrm{d}\forall_{gP}}{\mathrm{d}t} = Q_{Pu} - Q_{Pd} \tag{4.13}$$

在对式（4.13）进行数值积分时，为了控制数值求解过程中的振荡，引入加权因子 ψ，ψ 的取值范围为 $0.5 \leqslant \psi \leqslant 1$。本文中取 0.75。

$$\psi = \frac{\Delta t'}{t}, 0 < \psi < 1 \tag{4.14}$$

从而有

$$\forall_{gP} = \forall'_{gP} + \left[\psi(Q_{Pu} - Q_{Pd}) + (1 - \psi)(Q_{Pu} - Q_{Pd}) \right] \Delta t \tag{4.15}$$

式中 $\forall_{gP}$——$t + \Delta t$ 时刻计算的节点处气泡的体积；

$\forall'_{gP}$——t 时刻计算的节点处气泡的体积；

Q_{Pu}，Q_{Pd}——分别指流入节点流量和流出节点流量，m³/s。

（3）含气液体波速。

若液体中含有少量的气泡在进行波速计算时可以忽略管壁弹性的影响。此时波速公式可表示为

$$a = \sqrt{\frac{K}{\rho}} \tag{4.16}$$

式中 a——流体波速，m/s；

ρ——流体密度，kg/m³；

K——流体体积弹性模量，Pa。

式（4.16）应该考虑气泡对液体密度 ρ 和弹性模量 K 的影响。

$$\rho = \rho_g \frac{\forall_g}{\forall} + \rho_1 \frac{\forall_1}{\forall} \tag{4.17}$$

$$K = \frac{-\Lambda p}{\Delta\forall / \forall} = \frac{-\Lambda p}{\dfrac{\Delta\forall_1 + \Delta\forall_g}{\forall}} \tag{4.18}$$

设

$$K_1 = \frac{-\Delta p}{\Delta\forall_1 / \forall_1} \tag{4.19}$$

$$K_g = \frac{-\Delta p}{\Delta\forall_g / \forall_g} \tag{4.20}$$

$$a = \sqrt{\frac{K_1 / \rho}{1 + \dfrac{K_1 D}{E\delta} + \dfrac{mRT}{p}\left(\dfrac{K_1}{K_g} - 1\right)}} \tag{4.21}$$

式中　ρ_g——气体密度，kg/m；

ρ_1——液体密度，kg/m；

$\forall_g$——单位管长内气相体积，m；

$\forall_1$——单位管长内液相体积，m；

$\forall$——单位管长内流体体积，m；

$\Delta\forall$——单位管长内流体体积变化率；

$\Delta\forall_g$——单位管长内气相体积变化率；

$\Delta\forall_1$——单位管长内液相体积变化率；

K_g——气体体积弹性模量，Pa；

K_1——液体体积弹性模量，Pa；

E——管材体积弹性模量，Pa；

D——管子内径，m；

δ——管子壁厚，m；

p——流体压力，Pa；

T——流体温度，K；

m——单位体积内气体摩尔数，$kmol/m^3$；

R——气体常数，取 8314.3J/（kmol・K）。

若认为气体压缩过程是等温过程，则有 $K_g=p$。同时，由于 $\dfrac{K_1}{K_g} \ll 1$，式（4.21）可简化为

$$a = \sqrt{\dfrac{K_1/\rho}{1+\dfrac{K_1 D}{E\delta}+\dfrac{mRTK_1}{p^2}}} \qquad (4.22)$$

或

$$a = \dfrac{a_0}{\sqrt{1+\dfrac{C_1 m}{p^2}}} \qquad (4.23)$$

$$a_0 = \sqrt{\dfrac{K_1/\rho_1}{1+\dfrac{K_1 D}{E\delta}}} \qquad (4.24)$$

$$C_1 = \dfrac{RTK_1}{1+\dfrac{K_1 D}{E\delta}} \qquad (4.25)$$

式中　　a_0——没有自由气体时的液体波速，m/s。

若以绝对压头代替 p，即 $p=\rho g H$。则可表示为

$$a = \dfrac{Ha_0}{\sqrt{H^2+C_2}} \qquad (4.26)$$

$$C_2 = C_1 m /(\rho g)^2 \qquad (4.27)$$

（4）数学模型与求解。

①单相水击模型。

对于单相流水击数学模型见式（4.28）至式（4.30），分别由运动方程、连续性方程、能量方程组成。

根据动量守恒，推导出运动方程：

$$\dfrac{\partial V}{\partial t}+V\dfrac{\partial V}{\partial x}+g\dfrac{\partial H}{\partial x}+\dfrac{fV|V|}{2D}=0 \qquad (4.28)$$

根据质量守恒，推导出连续性方程：

$$\dfrac{\partial H}{\partial t}+V\dfrac{\partial H}{\partial x}-V\sin\alpha+\dfrac{a^2}{g}\dfrac{\partial V}{\partial x}=0 \qquad (4.29)$$

根据能量守恒，推导出能量方程：

$$\frac{\mathrm{d}(CT)}{\mathrm{d}t} - \frac{p}{a^2\rho^2}\frac{\mathrm{d}p}{\mathrm{d}t} = \frac{\lambda|V|^3}{2d} - \frac{4K}{D\rho}(T - T_0) \tag{4.30}$$

式中　　T_0——地温，K；

　　　　T——温度，K；

　　　　D——管道外径，m；

　　　　d——管道内径，m。

其他参数意义同上。

将这三个微分方程综合起来就得到水击基本微分方程组：

$$\begin{cases} \dfrac{\partial V}{\partial t} + V\dfrac{\partial V}{\partial x} + g\dfrac{\partial H}{\partial x} + \dfrac{fV|V|}{2D} = 0 \\[3mm] \dfrac{\partial H}{\partial t} + V\dfrac{\partial V}{\partial x} - V\sin\alpha + \dfrac{a^2}{g}\dfrac{\partial V}{\partial x} = 0 \\[3mm] \dfrac{\mathrm{d}(CT)}{\mathrm{d}t} - \dfrac{p}{a^2\rho^2}\dfrac{\mathrm{d}p}{\mathrm{d}t} = \dfrac{\lambda|V|^3}{2d} - \dfrac{4K}{D\rho}(T - T_0) \end{cases} \tag{4.31}$$

②特征线法求解水击过程。

此方程组的前两个方程是两个一阶双曲型偏微分方程，它们有两条特征线。特征线是一条曲线，沿着这条曲线原偏微分方程可以转化为全微分方程，然后对全微分方程积分便可得易于数值处理的有限差分方程。因此可以首先按特征线的这一特性来求特征线。把方程组合起来：

$$L = \lambda L_1 + L_2 = \lambda\frac{\partial H}{\partial t} + \lambda V\frac{\partial V}{\partial x} - \lambda V\sin\alpha + \lambda\frac{a^2}{g}\frac{\partial V}{\partial x} + \frac{\partial V}{\partial x} + \tag{4.32}$$

$$V\frac{\partial V}{\partial x} + g\frac{\partial H}{\partial x} + \frac{fV|V|}{2D}$$

要使这个方程变为全微分的条件是：

$$\frac{\mathrm{d}x}{\mathrm{d}t} = \left(V + \frac{g}{\lambda}\right) = \left(V + \frac{\lambda a^2}{g}\right) \tag{4.33}$$

因而有：

$$\lambda = \pm\frac{g}{a} \tag{4.34}$$

综上所述，建立起水击问题的特征方程组：

若取 $\lambda = \dfrac{g}{a}$，得：

前向特征方程 C^+：

$$\begin{cases} \dfrac{\mathrm{d}x}{\mathrm{d}t} = V + a \\ \dfrac{\mathrm{d}H}{\mathrm{d}t} + \dfrac{a}{g}\dfrac{\mathrm{d}V}{\mathrm{d}t} - V\sin\alpha + \dfrac{fa}{2g}\dfrac{|V|V}{D} = 0 \end{cases} \quad (4.35)$$

若取 $\lambda = -\dfrac{g}{a}$ 得：

后向特征方程 C^-：

$$\begin{cases} \dfrac{\mathrm{d}x}{\mathrm{d}t} = V - a \\ \dfrac{\mathrm{d}H}{\mathrm{d}t} - \dfrac{a}{g}\dfrac{\mathrm{d}V}{\mathrm{d}t} + V\sin\alpha - \dfrac{fa}{2g}\dfrac{|V|V}{D} = 0 \end{cases} \quad (4.36)$$

式（4.36）称为 C^- 特征线方程，称为在 C^- 上成立的相容性方程。

温度特征方程 C：

$$\begin{cases} \dfrac{\mathrm{d}x}{\mathrm{d}t} = V \\ \dfrac{\mathrm{d}(CT)}{\mathrm{d}t} - \dfrac{p}{a^2\rho^2}\dfrac{\mathrm{d}p}{\mathrm{d}t} = \dfrac{\lambda|V|^3}{2d} - \dfrac{4K}{D\rho}(T - T_0) \end{cases} \quad (4.37)$$

可用图 4.1 来说明特征方程的物理意义。在图 4.1 中，假设 A、B 两点在某个时刻的流速和压头是已知的，C 在某个时刻的温度是已知的。它们或是水击前的稳态值，叫作初始条件，或者是发生水击后已经算出的瞬态值，叫作前步条件。C^+ 是通过 A 点的斜线，其斜率为 $V+a$，C^- 是通过 B 点的斜线，其斜率为 $V-a$。CP 是通过 C 点的斜线，其斜率为 V，三者分别表示水击波波峰行经的路程和流体流经 C 点时温度传递的路径。方程式只是在这三条直线及其延长线上有效。因此，称 C^+ 是式（4.35）的特征线，C^- 是式（4.36）的特征线，CP 是式（4.37）的特征线。P 点位于 C^+、C^- 和 CP 的交点处，它在 $\mathrm{d}t$ 时刻的流速，压力，温度可联结上述三个方程式（4.35）至式（4.37）求得。在液流中含有或析出气体时，波速不为常数，因而特征线呈曲线而不是直线。本文中为计算方便，仍将其考虑为直线。

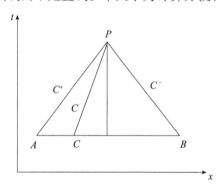

图 4.1　特征线示意图

③有限差分方程。

特征方程虽然是常微分方程的形式，但由于摩阻项是非线性的，仍然不能用积分法得到解析解。所以只好用有限差分法作数值解。使用数值方法解特征方程，必须把管道沿长度方向离散成若干管段，把瞬变过程离散成若干个时间步长，在离散的小范围内进行近似计算。

沿管道长度（简单管道）等间距分成 N 段，每段长 $\Delta x = L/N$，称为空间步长，管道节点数为 $N+1$；压力波传播时间 $\Delta t = \Delta x/a$，称为时间步长。这样，把 x–t 平面化成网格。在一个网格范围内对特征线方程进行积分（图 4.2）。

将相容性方程代入特征方程中，即为

$$\frac{a}{g}\mathrm{d}V + \mathrm{d}H + \sin\alpha\,\mathrm{d}x + \frac{\lambda}{2g}\frac{|V|V}{D}\,\mathrm{d}x = 0 \tag{4.38}$$

式（4.38）可用于建立 P 点在 $\mathrm{d}t$ 时刻的 V_p 和 H_p 之间的关系，积分区间是从 A 点到 P 点，即：

$$\frac{a}{g}\int_A^P \mathrm{d}V + \int_A^P \mathrm{d}H + \sin\alpha\int_A^P \mathrm{d}x + \frac{\lambda}{2g}\int_A^P \frac{|V|V}{D}\,\mathrm{d}x = 0 \tag{4.39}$$

式中　a——水击波速，m/s；

g——重力加速度，m/s^2；

V——流速，m/s；

H——压头，m；

α——管道倾角，（°）；

λ——沿程摩阻系数；

D——管道内径，m；

x——沿管道轴向距离，m。

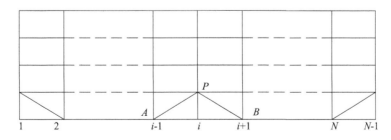

图 4.2　差分计算网格

在管道摩阻很大的情况下，由于节点数目很多，为防止解的不稳定，斯特里特等提出了对摩阻项采用二阶近似的方法来防止解的不稳定。即取：

$$\int_A^P Q|Q|^{1-m}\,\mathrm{d}x = \frac{Q_P|Q_P|^{1-m} + Q_A|Q_A|^{1-m}}{2}\Delta x \tag{4.40}$$

式中　　Q_P——P 节点流量，m^3/s；

　　　　Q_A——A 节点流量，m^3/s；

　　　　Δx——空间步长，m；

　　　　m——加权系数。

或

$$\int_A^P Q|Q|^{1-m}\mathrm{d}x = \frac{\left(Q_P + Q_A\right)\left|Q_P + Q_A\right|^{1-m}}{2^{2-m}}\Delta x \tag{4.41}$$

为比较这两种近似解法的精度，可把积分式改为 $\int_A^P Q^2\mathrm{d}x$，假定 Q 和 x 呈线性关系。后者的精确解为

$$\int_A^P x^2\mathrm{d}x = \frac{x_P^3 - x_A^3}{3} = \frac{1}{3}\left(x_P^2 + x_P x_A\right)\left(x_P - x_A\right) \tag{4.42}$$

第一种近似解与精确解的误差为

$$\frac{1}{2}\left(x_P^2 + x_A^2\right)\left(x_P - x_A\right) - \frac{1}{3}\left(x_P^2 + x_P x_A + x_A^2\right)\left(x_P - x_A\right) = \frac{1}{6}\left(x_P - x_A\right)^3 \tag{4.43}$$

第二种近似解的误差为

$$\frac{1}{2}\left(x_P + x_A\right)^2\left(x_P - x_A\right) - \frac{1}{3}\left(x_P^2 + x_P x_A + x_A^2\right)\left(x_P - x_A\right) = -\frac{1}{12}\left(x_P - x_A\right)^3 \tag{4.44}$$

显然，后者的精度较高。本文中，采用第二种近似方法。即

$$\frac{a}{g}\left(V_P - V_A\right) + \left(H_P - H_A\right) + \sin\alpha\left(x_P - x_A\right) + \frac{\lambda}{8}\frac{\left(Q_P + Q_A\right)\left|Q_P + Q_A\right|}{AD}\mathrm{d}x = 0 \tag{4.45}$$

式中　　V_P——P 点流速，m/s；

　　　　V_A——A 点流速，m/s；

　　　　H_P——P 点压头，m；

　　　　H_A——A 点压头，m；

　　　　A——管道横截面积，m^2；

　　　　f——沿程摩阻系数。

对于其他特征线方程采用相同的方法也可以得到类似的结果。

④初始条件与边界条件。

要完全确定管道系统内的压力、流量分布状态，除了上述方程以外，还需要知道管道的初始情况和两个管端的边界情况。描述这种初始状态和边界情况的数学条件就是初始条件和边界条件。

初始条件一般包括管道正常运行时沿线压力分布和流量分配，可以通过实测或稳态数值模拟得到。

管道上凡是使特征线有效性和相容性方程的适用范围截止的点，都称为边界。管道两

端当然是边界，而管道中间也可能有边界，例如副管或变径管的连接点，管道的分支点。但管道中对全局影响甚微的局部性变化可以不按照边界条件处理，如转弯。

在求解水击问题时，边界条件具有十分重要的地位。首先，因为最初的扰动总是从边界条件开始，然后沿线传播。其次，水击波到达边界时会产生反射，反射情况与边界条件有关。就特征线解法而论，界内点要受边界点的影响，但是在边界点只有一条或者两条特征线（考虑温度时），上游为 C^+，下游为 C^-（C），要求解出未知数 Q、H（T）就必须由边界条件进行补充。最后，边界条件五花八门，有的可能说明 Q、H 之一为常数；有的可能说明变量之一是时间的常数，如液面有周期性的变化的容器，有的则可能将两个变量以代数或微分方程的关系来表示，如逐渐关闭的阀门，固定转速的离心泵。因此，处理好边界条件是特征线解法的关键。

⑤弥合水击模型。

将前文所述波速方程代入单相一维不稳定流动的基本方程可得

$$C^+:\begin{cases}\dfrac{\mathrm{d}x}{\mathrm{d}t}=V+\dfrac{Ha_0}{\sqrt{C_2+H^2}}\\[3mm]\dfrac{g\sqrt{C_2+H^2}}{Ha_0}\dfrac{\mathrm{d}H}{\mathrm{d}t}+\dfrac{\mathrm{d}V}{\mathrm{d}t}-\dfrac{g\sqrt{C_2+H^2}}{Ha_0}V\sin\alpha+\dfrac{\lambda V|V|}{2d}=0\end{cases}\quad(4.46)$$

$$C^-:\begin{cases}\dfrac{\mathrm{d}x}{\mathrm{d}t}=V-\dfrac{Ha_0}{\sqrt{C_2+H^2}}\\[3mm]\dfrac{g\sqrt{C_2+H^2}}{Ha_0}\dfrac{\mathrm{d}H}{\mathrm{d}t}-\dfrac{\mathrm{d}V}{\mathrm{d}t}-\dfrac{g\sqrt{C_2+H^2}}{Ha_0}V\sin\alpha-\dfrac{\lambda V|V|}{2d}=0\end{cases}\quad(4.47)$$

式中　　t——时间，s；

a_0——初始水击波速，m/s。

如果考虑温度变化，还应有一组温度特征线方程：

$$\begin{cases}\dfrac{\mathrm{d}x}{\mathrm{d}t}=V\\[3mm]\dfrac{\mathrm{d}(CT)}{\mathrm{d}t}-\dfrac{g^2H}{a^2}\dfrac{\mathrm{d}H}{\mathrm{d}t}-\dfrac{\lambda|V|^3}{2d}+\dfrac{4K}{D\rho}(T-T_0)=0\end{cases}\quad(4.48)$$

式中　　C——流体比热容，J/（kg·K）；

K——总传热系数，W/（m²·K）；

ρ——流体密度，kg/m³。

按照模型的假设，气泡是集中在节点上，但气泡大小会随时发生变化的，因此描述其变化规律的方程应该作为必须满足的条件予以考虑。即应将每一节点作为内边界来处理。

如图 4.3 所示，可得出沿着 C^+、C^-。特征线采用有限差分法积分相容性方程式（4.47）和方程式（4.48），由于图 4.3 中点 R、S 不是所划分的节点，因此它上面的压头、流量需进行内插，本文采用线性内插。

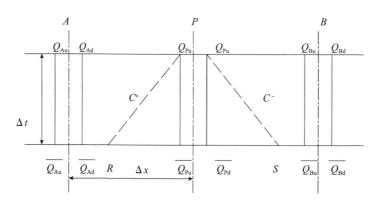

图 4.3　集中空穴模型计算示意图

$$\frac{g\left(\sqrt{C_2+H_P^2}+\sqrt{C_2+H_R^2}\right)}{a_0\left(H_P+H_R\right)}\frac{H_P-H_R}{\Delta t}+\frac{Q_{Pu}-Q_R}{A\Delta t}+\frac{f|Q_{Pu}+Q_R|(Q_{Pu}+Q_R)}{8Ad}-$$

$$\frac{g\left(\sqrt{C_2+H_P^2}+\sqrt{C_2+H_R^2}\right)}{a_0\left(H_P+H_R\right)}\frac{Q_{Pu}+Q_R}{A}\sin\theta=0 \tag{4.49}$$

式中　　Q_R——R 点流量，m/s；

H_R——R 点压头，m。

$$\frac{g\left(\sqrt{C_2+H_P^2}+\sqrt{C_2+H_S^2}\right)}{a_0\left(H_P+H_S\right)}\frac{H_P-H_S}{\Delta t}-\frac{Q_{Pd}-Q_S}{A\Delta t}-\frac{f|Q_{Pd}+Q_S|(Q_{Pd}+Q_S)}{8Ad}-$$

$$\frac{g\left(\sqrt{C_2+H_P^2}+\sqrt{C_2+H_S^2}\right)}{a_0\left(H_P+H_S\right)}\frac{Q_{Pd}+Q_S}{A}\sin\theta=0 \tag{4.50}$$

式中　　Q_S——S 点流量，m/s；

H_S——S 点压头，m。

$$\frac{(CT)_P-(CT)_M}{\Delta t}-\frac{g^2\left(C_2+H^2\right)}{2H^2a_0^2}\frac{\left(H_P+H_M\right)\left(H_P-H_M\right)}{\Delta t}-\lambda\frac{|Q_M^3|}{2dA^3}+$$

$$\frac{4K}{D\rho}\left(\frac{T_M+T_P}{2}-T_0\right)=0 \tag{4.51}$$

式中　　Q_M——M 点流量，m/s；

H_M——M 点压头，m；

T_M——M 点温度，℃；

T_P——P 点温度，℃。

节点处气泡体积的变化应满足如下方程：

$$\frac{\mathrm{d} \forall_{\mathrm{g}}}{\mathrm{d}t} = Q_{\mathrm{Pu}} - Q_{\mathrm{Pd}} \tag{4.52}$$

由以上 4 个方程式（4.49）至式（4.52）可求出 P 点的压头、流量和温度。

在对式（4.52）进行数值积分时，为了控制数值求解过程中的振荡，引入加权因子 ψ。ψ 的取值范围为 $0.5 \leqslant \psi \leqslant 1$。本文中取 0.75。

$$\psi = \frac{\Delta t'}{t}, 0 < \psi < 1 \tag{4.53}$$

从而有

$$\forall_{\mathrm{gP}} = \forall'_{\mathrm{gP}} + \left[\psi\left(Q_{\mathrm{Pu}} - Q_{\mathrm{Pd}}\right) + (1-\psi)\left(Q_{\mathrm{Pu1}} - Q_{\mathrm{Pd1}}\right)\right]\Delta t \tag{4.54}$$

式中　　$\forall_{\mathrm{gP}}$——$t+\Delta t$ 时刻计算的节点处气泡的体积；

　　　　$\forall'_{\mathrm{gP}}$——t 时刻计算的节点处气泡的体积；

　　　　Q_{Pu}——本时刻流入 P 点流量，$\mathrm{m^3/s}$；

　　　　Q_{Pd}——本时刻流出 P 点流量，$\mathrm{m^3/s}$；

　　　　Q_{Pu1}——上一时刻流入 P 点流量，$\mathrm{m^3/s}$；

　　　　Q_{Pd1}——上一时刻流出 P 点流量，$\mathrm{m^3/s}$；

　　　　Δt——时间步长，s。

将气泡体积公式代入式（4.54）得

$$\frac{C_3}{H - Z - H_V} = \frac{C_3'}{H' - Z - H_V} + \left[\psi\left(Q_{\mathrm{Pu}} - Q_{\mathrm{Pd}}\right) + (1-\psi)\left(Q_{\mathrm{Pu1}} - Q_{\mathrm{Pd1}}\right)\right]\Delta t \tag{4.55}$$

式中　　C_3'——上一时刻 C_3；

　　　　H'——上一时刻压头，m。

上述方程组是包含四个未知数 H_{P}、Q_{Pu}、Q_{Pd} 和 T_{P} 的非线性方程组。可以用 Newton-Raphson 方法化为线性方程组后迭代求解。

4.2.2　气泡均匀分布模型

（1）模型的基本假设。

当压力降低以后，气泡从液体中逸出，实际上在管内是气液两相流动，对于这种两相流动做出如下假设（图 4.4）：

①自由气泡是均匀分布在液体中。

②流动是一元的。

③气液两相间无滑移。

④压力和体积的变化遵循等温规律。

⑤忽略表面张力，气泡内外压力一致。

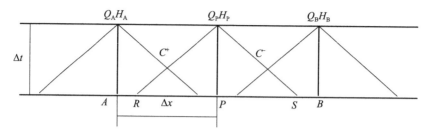

图 4.4　气泡均匀布置模型计算示意图

（2）基本方程。

为了给游离态气体一个定量的描述，引入空穴比 α 的概念：

$$\alpha = \frac{\forall_g}{\forall} = \frac{A_g}{A} \tag{4.56}$$

式中　　$\forall_g$——气相体积，m^3；

　　　　$\forall$——两相总体积，m^3；

　　　　A——管道截面积，m^2；

　　　　A_g——气相截面积，m^2。

这时气相的连续方程为

$$\frac{\partial}{\partial t}\left(\rho_g \alpha A\right) + \frac{\partial}{\partial x}\left(\rho_g \alpha A V\right) = \Gamma A \tag{4.57}$$

式中　　ρ_g——气体密度，kg/m^3；

　　　　Γ——单位体积中气体的释出率或逸出率，$kg/(m^3 \cdot s)$。

液相的连续方程为

$$\frac{\partial}{\partial t}\left[\rho_1(1-\alpha)A\right] + \frac{\partial}{\partial x}\left[\rho_1(1-\alpha)A V\right] = -\Gamma A \tag{4.58}$$

式中　　ρ_1——液体密度，kg/m^3。

忽略气相动量后的运动方程为

$$\frac{\partial}{\partial t}\left[\rho_1(1-\alpha)A\right] + \frac{\partial}{\partial x}\left[\rho_1(1-\alpha)A V^2\right] + A\frac{\partial p}{\partial x} + \pi D \tau_0 - \rho_1 g(1-\alpha)A \sin\theta = 0 \tag{4.59}$$

考虑到无论对于气相或者液相，均应有如下关系：

$$K = \Delta p \Big/ \left(\frac{\Delta \rho}{\rho}\right) \tag{4.60}$$

并且由于

$$\frac{1}{A}\frac{\mathrm{d}A}{\mathrm{d}t} = \frac{DC_1}{Ee}\frac{\mathrm{d}p}{\mathrm{d}t} \tag{4.61}$$

式中，C_1 由管道的支撑方式确定。

将式（4.60）和式（4.61）代入上述三个方程式（4.57）至式（4.59）中，有

$$\left(\frac{1}{K_g}+\frac{DC_1}{Ee}\right)\frac{\mathrm{d}p}{\mathrm{d}t}+\frac{1}{\alpha}\frac{\mathrm{d}\alpha}{\mathrm{d}t}+\frac{\partial V}{\partial x}=\frac{\Gamma}{\rho_g\alpha} \tag{4.62}$$

$$\left(\frac{1}{K_g}+\frac{DC_1}{Ee}\right)\frac{\mathrm{d}p}{\mathrm{d}t}+\frac{1}{1-\alpha}\frac{\mathrm{d}(1-\alpha)}{\mathrm{d}t}+\frac{\partial v}{\partial x}=\frac{-\Gamma}{\rho_1(1-\alpha)} \tag{4.63}$$

$$\frac{\mathrm{d}V}{\mathrm{d}t}+\frac{1}{\rho_1(1-\alpha)}\frac{\partial p}{\partial x}+\frac{f|V|V}{2D}-g\sin\theta=0 \tag{4.64}$$

式（4.64）中 f 与 τ_0 有如下关系：

$$\tau_0=\frac{f}{8}\rho_1(1-\alpha)|V|V \tag{4.65}$$

（3）特征线解法。

方程组可以用特征线法求解，从而得到如下三个方程：

$$\frac{\partial\alpha}{\partial t}+V\frac{\partial\alpha}{\partial x}-c_1\frac{\partial V}{\partial x}=b_1 \tag{4.66}$$

$$\frac{\partial p}{\partial t}+V\frac{\partial p}{\partial x}+c_2\left(\frac{\partial\alpha}{\partial t}+V\frac{\partial\alpha}{\partial x}\right)=b_2 \tag{4.67}$$

$$\frac{\partial V}{\partial t}+V\frac{\partial V}{\partial x}+c_3\frac{\partial p}{\partial x}=b_3 \tag{4.68}$$

其中

$$c_1=\alpha(1-\alpha)\left(\frac{1}{K_g}-\frac{1}{K_1}\right)\left[\frac{DC_1}{Ee}+\frac{a}{K_g}+\frac{(1-\alpha)}{K_1}\right]^{-1} \tag{4.69}$$

$$c_2=\left[\alpha(1-\alpha)\left(\frac{1}{K_g}-\frac{1}{K_1}\right)\right]^{-1} \tag{4.70}$$

$$c_3=\left[\rho_1(1-\alpha)\right]^{-1} \tag{4.71}$$

$$b_1=\Gamma\left[\rho_1(1-\alpha)\left(\frac{1}{K_1}+\frac{DC_1}{Ee}\right)+\rho_g\alpha\left(\frac{1}{K_g}+\frac{DC_1}{Ee}\right)\right]$$
$$\left[\rho_1\rho_g\left(\frac{DC_1}{Ee}+\frac{\alpha}{K_g}+\frac{1-\alpha}{K_1}\right)\right]^{-1} \tag{4.72}$$

$$b_2=\Gamma\left[\frac{1}{\rho_g\alpha}+\frac{1}{\rho_1(1-\alpha)}\right]\left(\frac{1}{K_g}-\frac{1}{K_1}\right)^{-1} \tag{4.73}$$

$$b_3 = g\sin\theta - \frac{f}{2D}V|V|$$

由式（4.66）至式（4.68）可求得三条特征线及在特征线上成立的相容性方程：

$$\begin{cases} \dfrac{\mathrm{d}p}{\mathrm{d}t} \pm \dfrac{a}{c_3}\dfrac{\mathrm{d}V}{\mathrm{d}t} + b_1c_2 - b_2 \mp \dfrac{b_3a}{c_3} = 0 \\ \dfrac{\mathrm{d}x}{\mathrm{d}t} = V \pm a \end{cases} \tag{4.74}$$

$$\begin{cases} \dfrac{\mathrm{d}p}{\mathrm{d}t} + c_2\dfrac{\mathrm{d}\alpha}{\mathrm{d}t} - b_2 = 0 \\ \dfrac{\mathrm{d}x}{\mathrm{d}t} = V \end{cases} \tag{4.75}$$

上述式（4.74）和式（4.75）中的 a 为波速：

$$a = \sqrt{c_1c_3} = \left[\rho_l(1-\alpha)\left(\frac{DC_1}{Ee} + \frac{\alpha}{K_g} + \frac{1-\alpha}{K_1} \right) \right]^{-\frac{1}{2}} \tag{4.76}$$

方程中的三个变量为 p，V，α，因此如果气体逸出率不为零，那么波速 a 也将随时间而变化。上述三组方程式（4.74）至式（4.76）可用不规则的特征线网格求解（考虑变波速），可用规则的矩形网格来求解。

（4）Lax–Wendroff 格式差分法。

气泡均匀分布模型的基本方程组也可以通过 Lax–Wendroff 格式差分法进行求解。

①保守型方程组。

Lax–Wendroff 格式是一种有限差分法，用有限差分法解题时，需要把方程写成保守形式，即

$$\frac{\partial y_{1i}}{\partial t} + \frac{\partial y_{2i}}{\partial x} = y_{3i} \tag{4.77}$$

由于基本方程有三个，因此式中的 i=1，2，3，而 y_{1i}，y_{2i}，y_{3i} 是变量 p，V 和 α 的函数。

假设基本方程中 $\left(\dfrac{DC_1}{Ee} + \dfrac{1}{K_1} \right)p \ll 1$，则方程的守恒形式为

$$\frac{\partial \alpha}{\partial t} + \frac{\partial}{\partial x}(\alpha V) = \frac{\Gamma}{\rho_g} \tag{4.78}$$

$$\frac{\partial(1-\alpha)}{\partial t} + \frac{\partial}{\partial x}\left[(1-\alpha)V \right] = -\frac{\Gamma}{\rho_1} \tag{4.79}$$

$$\frac{\partial}{\partial t}\left[V(1-\alpha) \right] + \frac{\partial}{\partial x}\left[(1-\alpha)V^2 + p \right] = (1-\alpha)\left(g\sin\theta - \frac{fV|V|}{2D} \right) \tag{4.80}$$

②差分格式。

Lax–Wendroff 两步格式是一种显示的具有二阶精度的有限差分格式，图 4.5 是这种格式的说明图。

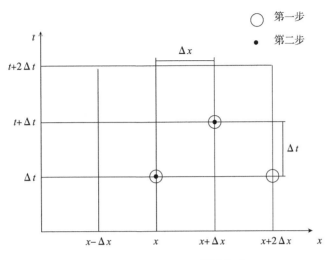

图 4.5 Lax–Wendroff 两步格式

第一步差分格式又称为 Lax 格式，只具有一阶精度，具体形式如下：

$$y_{1i}\left(x+\Delta x, t+\Delta t\right) = 0.5\left[y_{1i}\left(x+2\Delta x, t\right) + y_{1i}\left(x, t\right)\right] + \tag{4.81}$$

$$\left\{\frac{-\Delta t}{2\Delta x}\left[y_{2i}\left(x+2\Delta x, t\right) - y_{2i}\left(x, t\right)\right]\right\} + \frac{\Delta t}{2}\left[y_{3i}\left(x+2\Delta x, t\right) - y_{3i}\left(x, t\right)\right]$$

这一步是由 t 时刻的位于 x 和 $x+2\Delta x$ 点上的 y_{1i}、y_{2i}、y_{3i} 求出 $t+\Delta t$ 时刻位于 $x+\Delta x$ 点上的 y_{1i}。

第二步格式又称 Wendroff 格式，它是在第一步格式计算结果的基础上进行的，所以总结果具有二阶精度，具体计算格式为

$$y_{1i}\left(x, t+2\Delta t\right) = y_{1i}\left(x, t\right) - \frac{\Delta t}{\Delta x}\left[y_{2i}\left(x+\Delta x, t+\Delta t\right) - y_{2i}\left(x-\Delta x, t+\Delta t\right)\right] + \tag{4.82}$$

$$\Delta t\left[y_{3i}\left(x+\Delta x, t+\Delta t\right) + y_{3i}\left(x-\Delta x, t+\Delta t\right)\right]$$

综上所述，为了求得 x 点处在 $t+2\Delta t$ 时刻的 y_{1i}，需要已知在 t 时刻的位于 $x-2\Delta x$，x 及 $x+2\Delta x$ 三点处的 y_{1i}、y_{2i} 及 y_{3i}，然后通过式（4.81）和式（4.82）进行计算。

4.3 弥合水击仿真程序

4.3.1 程序概述

在前面几节的研究基础上编制了液柱分离模拟程序，该程序具有通用性强，使用方便

灵活等特点。本程序是用 Excel 与数学计算软件混合编制的。数学计算软件强大的矩阵运算功能给本程序的编制带来了极大的方便而它的数据可视化作图功能能够使最后的模拟结果形成精确的图形曲线。Excel 软件则主要用于计算数据的输入，作为程序的输入界面。本程序可用于多种管网的稳态和动态分析过程。

程序由四个分支程序组成，程序 A 是稳态分析，程序 B 是气泡均匀分布模型的液柱分离模拟，程序 C 是集中空穴模型的液柱分离模拟。程序 D 则是实现数据输出与可视化的部分。稳态分析为液柱分离模拟提供基础数据，动态分析是液柱分离模拟的核心部分。稳态分析通过 Excel 将计算得到的稳态结果传给动态程序，作为动态计算的初始值。该弥合水击模拟程序适用于管道长度大于 2km 的管道，流量、压力等参数不受限制。

4.3.2 程序模块

图 4.6 是程序的组成框图，程序由稳态分析，集中空穴模型的液柱分离模拟、气泡均匀分布模型的液柱分离模拟、数据输出与作图等几个模块组成。

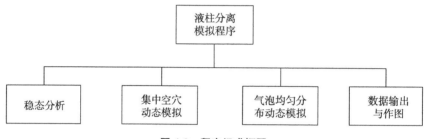

图 4.6 程序组成框图

（1）数据输入。

本程序在运行前需要输入大量的关于管网系统结构的参数、管网组成元件的参数及一些其他参数。本程序利用 Excel 编制了四个数据输入文件进行数据输入，方便用户操作。数据输入文件的名称及要求输入的参数见表 4.1。

表 4.1 数据输入文件介绍

文件名称.格式	输入参数
管网稳态数据.xls	元件编号、元件类型、边界类型、元件参数、各元件稳态时流量及沿线地温，元件的上下节点
管网节点参数.xls	节点高度、节点温度、稳态时各节点处的压力、动态分析的边界条件
元件节点关系.xls	判断各节点与元件之间的关系，上节点为1，下节点为-1
其他基础数据.xls	油品密度，油品黏度，气体密度，油品比热容，气体弹性模量，液体弹性模量，管网节点数量，管网元件数量，初始空穴比，气体质量逸出系数，油品饱和压头和阀门综合系数，蒸气压头

（2）模拟分析。

稳态分析：由流程图（图 4.7）可以了解程序 A 的结构和流程。程序的主体是对前文建立的非线性方程组进行迭代求解。

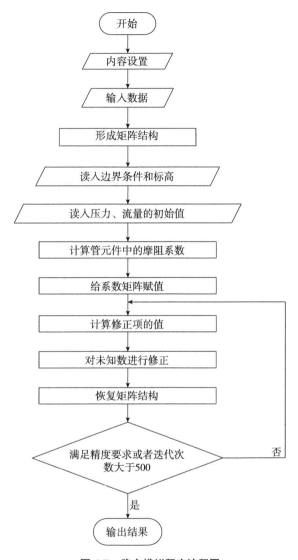

图 4.7　稳态模拟程序流程图

动态分析：由流程图（图 4.8）可以了解程序 B 和程序 C 的结构和流程。主要进行液柱分离的动态模拟。计算在模拟时间内每个元件每一个截面处的压力、流量、温度和空穴比。该程序的关键是对形成的系数雅克比矩阵进行迭代求解，难点在于保证系数雅克比矩阵的对角线上不存在零元素。否则系数矩阵行列式值为 0，无法求解。

（3）结果输出。

由程序计算出来的结果，输出结果可以保存到 Excel 中，也可以 mat 的格式文件保存在数学计算软件中。同时可以利用数学计算软件的绘图功能实现计算结果的可视化。

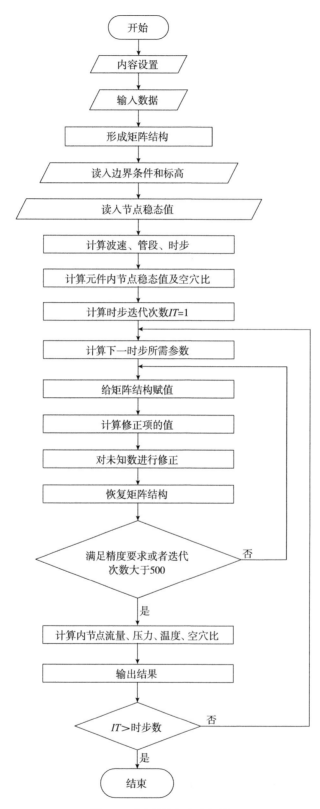

图 4.8　动态模拟程序流程图

4.4　山地输油管道弥合水击仿真分析

中缅原油管道作为典型的山地输油管道，以该管道为研究对象，分析管道在运行过程中的弥合水击现象，得到管道内弥合水击形成与发展规律，以及弥合水击产生的高压对管道造成的危害。针对中缅原油管道在运行过程中容易发生弥合水击的位置，主要将管道分为了三段进行分析，具体管段和对应的管道位置如图 4.9 所示。

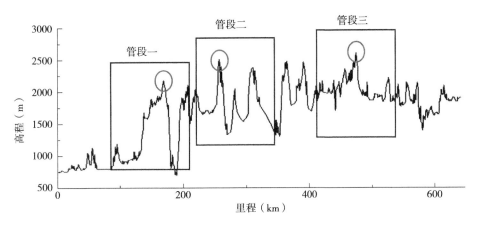

图 4.9　管段与高点分布图

方框表示管道分段，圆圈表示管道高点

后文将针对表 4.2 中不同工况，采用弥合水击分析模型进行相应分析，以下仅展示了部分模拟结果。

表 4.2　管道运行过程工况表

管道流量（m³/h）	高点稳态压力（m）	关阀时间（s）	管段
1440	70	60	管段一
	39.9	60	
	39.9	120	
	39.9	180	
	93.2	60	管段二
1620	55.6	60	管段一
	55.6	120	
	55.6	180	
	40.6	60	
	40.6	120	
	40.6	180	
	73.2	60	管段二

续表

管道流量（m³/h）	高点稳态压力（m）	关阀时间（s）	管段
1620	93.3	60	管段二
	93.3	120	
	93.3	180	
	76.6	60	管段三
	76.6	120	
	76.6	180	
1800	32.3	60	管段一
	32.3	120	
	32.3	180	
	62.3	60	
	62.3	120	
	62.3	180	
	37.5	60	管段三
	37.5	120	
	37.5	180	

（1）管道高点稳态压头为70m，管道流量为1440m³/h。

如图4.10所示，当管道高点稳态压头为70m，高点产生气泡体积为1.50m³，换算为等管径的气泡长度为2.89m时，管内产生的弥合水击压头大小为206.7m，普通水击压头为171.1m，弥合水击形成的压头较普通水击增加了35.6m，较稳态压头增加了136.7m。弥合水击压头换算为压力值为1.73MPa，由于中缅原油管道设计压力为4.9～15.0MPa，因此形成的弥合水击压力未超过管道设计压力。

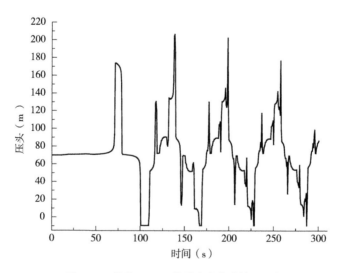

图4.10　管道169km处压力变化（情况一）

（2）管道高点稳态压头为39.9m，管道流量为1440m³/h，气泡体积为5.28m³。

如图4.11所示，当管道高点稳态压头为39.9m，高点产生气泡体积为5.28m³，换算为等管径的气泡长度为10.17m时，管内产生的弥合水击压力大小为169.9m，普通水击压力大小为147.3m，弥合水击形成的压力较普通水击增加了22.6m，较稳态压头增加了130.0m。弥合水击压头换算为压力值为1.43MPa，由丁中缅原油管道设计压力为4.9～15.0MPa，因此形成的弥合水击压力未超过管道设计压力。

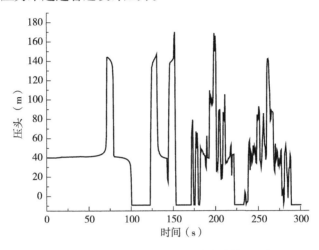

图4.11　管道169km处压力变化（情况二）

（3）管道高点稳态压头为39.9m，管道流量为1440m³/h。

如图4.12所示，当管道高点稳态压头为39.9m，高点产生气泡体积为4.67m³，换算为等管径的气泡长度为8.99m时，管内产生的弥合水击压力大小为159.2m，普通水击压力大小为145.1m，弥合水击形成的压力大小较普通水击压力大小增加了14.1m，较稳态压头增加了119.3m。弥合水击压头换算为压力值为1.34MPa，由于中缅原油管道设计压力为4.9～15.0MPa，因此形成的弥合水击压力未超过管道设计压力。

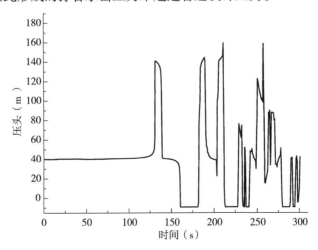

图4.12　管道169km处压力变化（情况三）

（4）管道高点稳态压头为55.6m，管道流量为1620m³/h。

如图4.13所示，当管道高点稳态压头为55.6m，高点产生气泡体积为4.14m³，换算为等管径的气泡长度为7.97m时，管内产生的弥合水击压力大小为203.0m，普通水击压力大小为176.4m，弥合水击形成的压力大小较普通水击压力大小增加了26.6m，较稳态压头增加了147.4m。弥合水击压头换算为压力值为1.70MPa，由于中缅原油管道设计压力为4.9～15.0MPa，因此形成的弥合水击压力未超过管道设计压力。

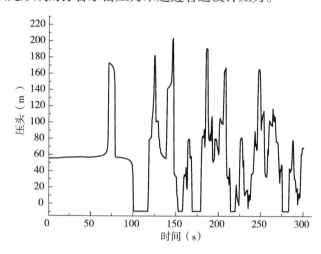

图4.13　管道169km处压力变化（情况四）

（5）管道高点稳态压头为55.6m，管道流量为1620m³/h。

如图4.14所示，当管道高点稳态压头为55.6m，高点产生气泡体积为3.78m³，换算为等管径的气泡长度为7.28m时，管内产生的弥合水击压力大小为197.1m，普通水击压力大小为173.2m，弥合水击形成的压力大小较普通水击压力大小增加了23.9m，较稳态压头增加了141.5m。弥合水击压头换算为压力值为1.65MPa，由于中缅原油管道设计压力为4.9～15.0MPa，因此形成的弥合水击压力未超过管道设计压力。

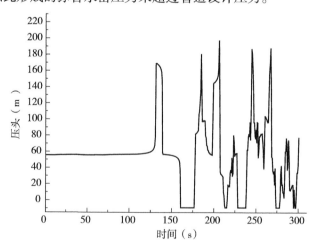

图4.14　管道169km处压力变化（情况五）

（6）管道高点稳态压头为40.6m，管道流量为1620m³/h。

如图4.15所示，当管道高点稳态压头为40.6m，高点产生气泡体积为7.71m³，换算为等管径的气泡长度为14.86m时，管内产生的弥合水击压力大小为226.0m，普通水击压力大小为158.1m，弥合水击形成的压力大小较普通水击压力大小增加了67.9m，较稳态压头增加了185.4m。弥合水击压头换算为压力值为1.90MPa，由于中缅原油管道设计压力为4.9～15.0MPa，因此形成的弥合水击压力未超过管道设计压力。

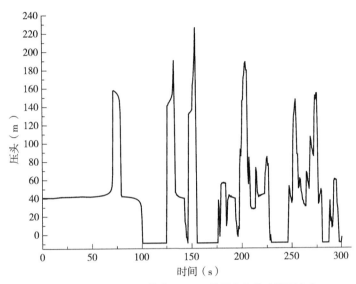

图4.15　管道169km处压力变化（情况六）

通过以上工况模拟分析，可以得到如下结论：

（1）由以上高点压力变化曲线可得弥合水击形成过程如下：首先由于下游阀门的关闭，在管道内引起增压波传播，当增压波到达高点后，管道高点压力增加（第一次压力增加），并一直保持该压力值，直到增压波在碰到上游盲端（泵、阀门）反弹为减压波，当减压波传到高点后，高点压力降低，当压力值降低到油品饱和蒸气压时，高点压力保持为油品蒸气压，油品中不断有气体逸出，在管道高点聚集形成气穴，一旦有增压波传来时，由于压力差的作用，低压气穴被高压液柱急剧压缩，气穴发生溃灭，进而在管道产生更大的压力值（比第一次管内增压值更大），即弥合水击压力。从以上弥合水击的形成过程可以发现，形成弥合水击需要两个条件，空泡产生以及水击扰动。

（2）当管内压力降到油品饱和蒸气压时，管内压力较低，此时管道存在被压瘪的风险；当气穴溃灭引发弥合水击产生后，管道内形成的弥合水击压力一般会比普通水击产生的压力更大，对管道的危害也更大；在运行工况模拟中，当管道高点气泡体积达到38～46m³时，管道高点产生的弥合水击压力会大于管道高点设计压力4.90MPa；对于停输过程，当管道高点积气量不超过38～46m³时，不会出现超压情况，当积气量超过该值时，再启动过程中要保持设备平稳运行，避免产生水击扰动，形成弥合水击。

（3）在管道高点稳态压头、管道流量保持不变情况下，形成的气泡体积越大，管内的弥合水击压力也越大。

（4）管内的气泡体积大小与高点低压持续时间、气体逸出速率有关，而关阀时间又影响着高点低压持续时间，因此合理地设置关阀时间可以减小管内气泡体积大小，进而降低弥合水击压力。

5 山地输油管道弥合水击防治

通过前文的研究，一方面可以知道弥合水击对管道具有严重的危害作用；另一方面，如果选用的综合防护措施不合理或者防护方案达不到要求，不仅会造成工程上的浪费，甚至还有可能使水击更严重。因此，选择合理的水击防护设备并制订最佳的防护方案，防止管道因弥合水击而破坏，对保证管道安全可靠的运行具有重要的意义。

5.1 管道常用水击防护

5.1.1 管道常用水击防护设备

5.1.1.1 两阶段缓闭蝶阀

在 GB 50265—2010《泵站设计规范》的《条文说明》中指出"在扬程高、管道长的大、中型泵站，事故停泵可能导致机组长时间超速倒转或造成水击压力过大，因而推荐在泵出口安装两阶段关闭的缓闭蝶阀"，两阶段缓闭蝶阀属于缓闭止回阀的一种（图 5.1）。

图 5.1　两阶段缓闭蝶阀结构图

（1）工作原理。

以事故停泵工况为例，事故停泵时，阀门能按预先设置的关阀程序分两阶段关闭，先快关至某一角度，再慢关剩余角度，这样在事故停泵的水击过程，既可以有效地控制泵出口的水击压力振荡，又可以不让大量液体逆流使泵机组长时间反转[35]。

①事故停泵开始泵流量降为零的阶段——快关阶段。

从事故停泵开始至泵流量降为零的阶段内，泵管系统内的液流速度先快速降低，但流动方向仍然继续为正，泵机组仍然转，若在此阶段内蝶阀的阀板以较快的对应于泵系统中流量下降速率的速度关闭到一个较大角度（如关闭 70°），由于蝶阀在关闭 70° 以前阀门的水力局部阻力系数 ξ 或阀门的阻力特性系数 C_v 相当小，又因泵流量很快减少，所以过阀水头损失很小，因此，阀门虽然以较快的速度关闭了较大的角度，但在阀前后不会形成明显的压力变化，从而也不会存在较大的水击压力波动，但应注意的是泵出口关阀过快容易使管路下游的液柱分离现象更加严重，必须采取相应措施（表 5.1）。

表 5.1 蝶阀的阻力特性

开启度（°）	90	80	70	60	50	45	40	30	15
阀门阻力系数 ξ	0.573	0.575	1.38	3.08	8.48	12.7	20.3	39.5	485

②泵机组正转逆流——慢关阶段。

当泵管系统中液体开始反向流动时，液体的反向流速在短时间内快速增大，此时蝶阀若仍以较快的速度关闭，相当于造成了关阀水击，在阀门处将产生很高的水击升压，故蝶阀在此阶段必须缓慢关闭，因为前一阶段阀门已经关闭很大角度，故这种缓慢关闭只需要关闭剩余小角度，此时阀门对逆流的阀门的阻力系数 ξ 很大，逆向流动的液流受到的阀门阻力很大，故能够有效地控制逆流的流量，从而泵叶轮实际受到的液能作用也较低，所以缓慢关阀不会使泵机组产生较大的逆转现象。

（2）性能特点。

①能按事先设置好的关阀程序在分快关和慢关两阶段关闭，两阶段缓闭蝶阀关闭时间和角度的调节范围大，对于大多数工况都适用。

②能够很好地控制弥合水击升压、防止泵机组逆转和液体逆流，有效地控制水击发生时泵和管网系统的压力波动。

③两阶段缓闭阀安装在泵出口时，既能作泵出口控制阀，又有止回阀和水击防护设备的功能，减少占地面积及基建投资，经济适用。

（3）选用技术要求。

快速关阀阶段和慢速关阀阶段的具体角度和历时对控制水击压力波动、泵机组逆转等有很大影响，在复杂的泵管系统的水击综合防护措施的选择过程中，两阶段缓闭蝶阀的最佳操作程序的确定不能单独孤立地进行，必须与整个水击综合防护措施融合在一起考虑，根据泵和管路系统本身的特性参数，通过水击综合防护措施的计算机数值模拟的计算和结果分析对比后，才能确定最佳的快关慢关的角度和历时，只有当水击综合防护措施的方案确定后，蝶阀两阶段缓闭的最佳操作程序才算结束。

5.1.1.2 空气阀

（1）工作原理。

动作方式分为自由进出气空气阀和只进气不排气空气阀，下面对两种空气阀的工作原理等进行分析。

自由进出气空气阀：

当管道内压力低于当地大气压时，空气阀开启，空气进入管道内，避免管道内压力过低并形成断流空气腔；当断流空气腔受到返回增压波作用时，液柱开始弥合，空气腔体积逐渐缩小，此时空气阀及时开启，排除空腔内气体，防止管道中因为存在气囊影响后期管道系统的安全运行，在排出空气时空气阀具有自动关闭的功能，不允许管内液体泄入大气。

只进气不排气空气阀：

当管道内压力低于当地大气压时，空气阀开启，空气进入管道内，避免管道内压力过低，当断流空气腔受到返回增压波作用时，液柱开始弥合，空气腔不断被压缩，此时阀门关闭，压缩的空气腔相当于空气垫的作用，能够使液柱回冲流速减小，对弥合水击的升压起到缓冲作用。

（2）性能特点。

①空气阀主要是用于控制真空，在管线上容易产生负压和液柱分离的主要特殊点等处装设空气阀，空气阀占地面积小且造价不高，是防真空效果较好的经济适用的水防护装置。

②构造比单向调压塔简单，因此造价也低，安装上和后期管理维护也比较简单方便，在单向调压塔需要大量液体的场合，就可以考虑选用空气阀。

③自由进出气空气阀能起到破坏管中真空的作用，优点是不会残留空气在管中；缺点是不能对弥合水击升压起削减作用，如果排气速度过快反而还会造成升压很高的弥合水击，排气速度过慢容易残留空气囊在管内，所以对排气速度和排气量有规定。

④只进气不排气空气阀目的是破坏管中的真空、缓冲弥合水击升压，优点是形成的空气腔能够缓冲管中的因液柱弥合造成的瞬时水击升压；缺点是如果在水击过后没有及时排出液柱分离过程中注入的大量空气，不仅影响水击后的重新启泵，还有可能因为残存气囊的溃灭造成新的弥合水击。选用空气阀时应注意如果水击增压波过大，空气腔体积不够大，此时空气腔不但起不了缓冲作用，还有可能被瞬间压破，同样也会造成升压很高的断流弥合水击。

（3）选用技术要求。

空气阀造价占管道工程的比例很小，但对管道安全运行至关重要。如果空气阀的选型、布置位置和动作设置不合适，可能产生很多新的问题，如加剧断流弥合水键引发爆管、液阻增大、输送能力降低等。故实际工程中应根据管道具体工况选用安全可靠经济适用的空气阀，选用的基本技术要求如下：

①自由进出气空气阀的排气速度和排气量适中，排气速度不能过快，也不能太缓慢。

②管道条件和工况较复杂且水键压力波动较大时，对水击防护要求较高，应采用具有缓冲功能的只进气不排气空气阀和自由进出气空气阀组合使用。

符合弥合水击综合防护要求的空气阀，不仅应具有缓冲弥合水击升压的功能，保证管道中因空腔溃灭造成的弥合水击升压值在安全范围内，还必须保证水击过后在管道气液两相间的任何压力和状态下，都能够安全可靠连续地排出管道内存气。

5.1.1.3　超压泄压阀

超压泄压阀的安装位置一般应都在泵站出口管处[36]。输油管道需经分析计算后确定是否安装超压泄压阀。当管道中发生水击时，超压泄压阀的作用就开始显现，当某点的压力过高时，超过超压泄压阀滑塞内腔提前设定的控制安全压力时，其就会自动打开，开始泄流并报警，控制并保持管道内正常压力，当管线压力恢复至安全压力后，超压泄压阀恢复关闭状态并停止泄流，输油管线恢复正常。

（1）先导式超压泄压阀。

先导式超压泄压阀主要是由弹簧控制开关的一种泄压装置（图5.2）。当事先设定好的弹簧压力大于作用于阀芯的水流压力时，阀门处于关闭状态；相反，当管道中水流压力增大至大于弹簧弹力时，阀门被推开，从而高压水流流出而泄压；当水流压力回到弹簧压力以下时，阀门再次关闭。先导式超压泄压阀主要优点是变弹簧直接作用为导阀间接作用，提高了动作的灵敏度，而且主阀采用套筒活塞式，双重密封阀座结构，动作精度高、重复性好、回座快、不泄漏、能带高背压排放、工作寿命长、工作稳定可靠，它还可在线调校，反复启跳排放后，仍然能自动回座，关闭严密，操作维护方便。

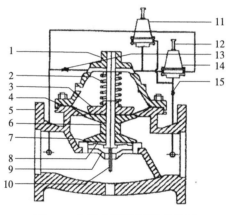

图5.2　先导式超压泄压阀结构图

1—阀盖；2—弹簧；3—膜片压板；4—膜片；5—阀体；6—阀盖；7—"O"形圈；8—"O"形圈压板；

9—阀座；10—阀杆；11—附阀2；12—调压螺栓；13—针阀；14—附阀1；15—截止阀

（2）直导式超压泄压阀。

当输油管道正常运行时，阀门上部的有压气体的压力不小于管道最大设计使用压力。当输油管道内出现压力下降，产生负压，阀体内气缸里的气体将会被压缩，防止管道出现负压；当管道内有较高压力产生时，泄压口盖板开启，释放高压流，防止高压水击的产生。压力泄放完后，受缓冲器控制关闭速度的泄压口盖板关闭，从而达到缓闭的目的，同时也防止了二次水击的发生（图5.3）。

（3）超压泄压阀的工作特点。

管道上安装超压泄压阀时，当输油管道末端关阀或者由于液柱中断而产生的断流弥合水击，导致管道内的压力

图5.3　直导式超压泄压阀结构图

上升较快时，泄压阀可以打开泄压口释放管道内的有压液体，降低管道内压力，避免管道遭受水击的破坏。

超压泄压阀属于先导式动作阀门，所有先导式安全阀存在的最大问题是动作滞后，即先导动作一段时间后，主阀才动作，有的主阀动作滞后可达 2 ~ 3s，所以当输油管道压力突然升高时，超压泄压阀不能及时泄压，保护管道的安全运行。由于动作滞后这一现象，对于管道内升压较缓慢的情况才有一定作用，但对于升压速度较快的情况，几乎没有什么效果，起不到及时泄压的作用。

（4）选用超压泄压阀的技术要点：

①超压泄压阀不能任意确定其具体安装的位置，通常把其安装于泵的出口总管的起端；通常也依据具体的水击计算分析来确定实际管道系统工程中安装适宜数量的超压泄压阀的具体位置。

②目前超压泄压阀中的先导式超压泄压阀广泛应用于实际工程，其主阀的启闭主要通过控制先导辅阀的启闭，从而达到降压的效果，在具体实际的选用过程中，主要根据水击具体的类型的防护确定最终是否采用超压泄压阀，进而选用何种具体类型的超压泄压阀。

③在实际工程中使用先导式超压泄压阀来防护水击现象经常发生动作滞后的情况，这是由于其主要是通过辅阀来控制主阀的，这对于水击升压缓慢的现象的防护效果相对好，但是对于水击快速升压的现象降压作用不太明显。

④先导式超压泄压阀存在阀门拒动的概率，因此要重点测试和分析其技术性能，提前预防并消除这种概率。

5.1.1.4　调压塔

调压塔主要在水力瞬变过程中降低由于突然的变化带来的水击压力 [37]，从而实现在水力过渡过程中控制管道的水击压力，并且保护机组运行条件。调压塔在长输管线水击压强消减方面有着很大的作用，并且在运行过程中的可靠性较高，在水力瞬变过程中已经被广泛应用。

（1）普通双向调压塔。

调压塔主要分为单向调压塔和双向调压塔。双向调压塔中的缓冲式水击保护设备，不仅拥有补水功能，而且还有泄水功能。在双向调压塔中，当管道压力降低时，可以迅速向管路中注水，从而增强管道中的压强，防止由于压强过低使得真空环境造成管道水柱分离，对输水管造成影响。而相应的，当管路中的压力升高时，此时双向调压塔就会发挥其泄水功能，降低管路中的压力。双向调压塔的结构是比较简单的，可以为工作的进行带来很多的便利，而且对于双向调压塔中的设备后期管理维修工作比较少，提高了工程的效率。双向调压塔为了在水力波动时保证塔内的水位波动不大，一般需要较大的体积，这样可以有足够的断面积，从而也提高工作的可靠性。但是双向调压塔所要求的高度比较大，在工程建设方面所需的成本比较高，而且施工的难度也比较大，所以难免也会产生一些问题。

双向调压塔一般分为圆筒式调压塔、阻抗式调压塔、双室式调压塔和差动式调压塔四种类型，每种类型都有其特殊的作用（图5.4）。

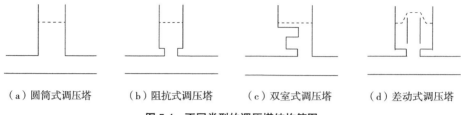

（a）圆筒式调压塔　　　（b）阻抗式调压塔　　　（c）双室式调压塔　　　（d）差动式调压塔

图5.4　不同类型的调压塔结构简图

最为简单的调压塔是圆筒式调压塔，其结构是相对简单的，在低水头的输水工程中应用较为广泛。圆筒式调压塔自上而下都有相同的横截面积，对于水击的反射有相对较好的效果。可是，圆筒式的调压塔，在塔中所造成的水体波动比较大，对塔内所造成的影响较大。

相较于圆筒式调压塔，阻抗式调压塔通过将塔底部缩小，并且形成一个短管与主管道连接，这样在调压塔的底部就会存在一种阻力，从而可以降低水体的整体波动性，并且也保证塔内水位波动较小。但是，由于阻抗式调压塔塔底结构的改变，就不具备圆筒式调压塔发射水波效果较好的作用。

双室式调压塔分为上下两个储水室，两者共同发挥着作用，当输水管中压力增大时，就通过上室蓄水降低压力，相应的，当输水管中压力降低时，此时下室就会通过补水，实现压力的增高。双室式调压塔在上下两室之间还有一个用于连接两者的竖井，这种结构的调压塔在水头较高、水库的工作深度较大的水利工程建设中的应用比较广泛。

差动式调压塔由内外两个同心圆筒、升管、溢流堰与底部的阻力孔组成。底部的阻力孔主要用于管道压力升高所引起的调压塔中水位迅速上升现象。而且当内筒水位较高，并且超过溢流堰时，此时多余的水就会溢出溢流堰流到外筒，从而保证水位的高度是保持在一个定值的。

双向调压塔在选用时需要注意的要点：

①双向调压塔修建在泵站附近或输水干管上易于发生水柱分离的高点或折点处。

②双向调压塔箱中设计水位需要达到水泵正常工作时的水力坡度线。

③双向调压塔应有足够的断面，在停止或启动水泵过程中，塔内水位波动不大。

④双向调压塔应有足够的高度，在调压过程不会产生溢流。

⑤在调压过程中，为防止空气进入主干管内，调压塔应有足够的容量，确保在给水系统补水过程中塔内仍保持有一定的水量。

然而，双向调压塔在工程应用中也存在一个致命缺点，即其高度必须高于等于其设置处管道的最高水压线。如果管道压力不高，则一般无需设双向调压塔，如果管道压力很高，则需设置双向调压塔，但此时水压线很高，故双向调压塔也很高，常可达几十米甚至数百米。这就使工程造价高昂，运行管理负担加重，与周围环境很难协调，构筑物本身安全也很难得到保障，这些缺点阻碍了双向调压塔在实际工程的应用。

（2）箱式双向调压塔。

箱式双向调压塔与普通双向调压塔的优点相同，且防水击泄压溢流性能更加安全可靠。当出现负压时，调压塔可迅速向管道内补水，以防止水柱拉断产生断流弥合水击。由于在结构上该调压活塞为直接动作形式，无外导管先导阀等，故克服了超压泄压阀存在的拒动和滞动等问题，使管道泄压迅速及时，安全程度大幅度提高，且动作灵敏、反应迅速，一般在泵站附近或者管道的合适位置处修建箱式双向调压塔，工作安全可靠，而且不会受到泵站的压力及其他周边地形条件的限制，极大地扩大了它的使用范围，对任何水击都有良好的防护效果。安装高度可大幅降低，一般仅为 4 ~ 10m，大大降低了工程造价（图 5.5、图 5.6）。

图 5.5　箱式双向调压塔

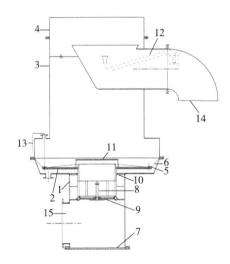

图 5.6　箱式双向调压塔正常关闭状态详图

1—下阀体；2—活塞；3—上阀体；4—防溢环；5—上压板；6—膜片；7—下封板；8—弹簧；9—单向板；
10—密封环；11—防冲导流板；12—定深溢流管；13—活塞开度指示；14—泄水口；15—管道连接口

（3）单向调压塔。

单向调压塔一般设置于输水管线中易产生水柱分离的峰点、膝点、驼峰及鱼背等地方，在这其中单向调压塔可以很好地发挥防止管道负压以及消减断流弥合水击的作用。相比于双向调压塔，单向调压塔的体积是比较小的，并且对于水流的方向是单向的，只允许水流从塔内流入管网中。通常在正常工作时，单向调压塔的止回阀是关闭的，此时主要让注水管向水箱内充水，当水位达到指定标准后，浮球阀就会使注水停止。当水击波来的时候，此时止回阀会迅速打开，使得水流从塔内流出，足够的水通过主水管利用势差能注入管道中，从而避免水击事故的发生，提高输水工程建设的安全性。单向调压塔与普通的双向调压塔比较，塔中的设计水位线不需要能够达到水泵平时工作时的水力坡度线，所以它的安装高度不受限制，可以有效地节约造价。

单向调压塔的结构及工作原理如图 5.7 所示。

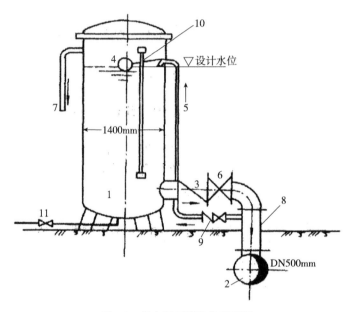

图 5.7 单向调压塔结构原理图

1—水箱；2—主干管；3—止回阀；4—浮球；5—进水管；6—闸阀；7—溢流管；8—注水管；

9—满水管止回阀；10—水位计；11—排空管

注水管上的止回阀仅允许塔中的水流单向流动，是设备的主要部分，它的启闭一定要得到保证，才能合理地防护水击。另外，其单向阀性能要确保绝对的安全可靠。该阀门如果失灵，将会引发极大的水击事故。

单向调压塔一般常用于泵站的管路系统中因停泵水击而引起危害，其具有经济及技术上的优势，但是对于除停泵水击以外的其他水击的降压效果甚微。

单向调压塔在选用时需要注意的要点：

①单向调压塔的装设位置、座数、容积、注水流速、水位标高、注水管主要尺寸以及防护效果等，都必须应用计算机动态模拟经过方案比较后确定。一般设置于输水干线上容易产生负压和水柱分离的主要特异点处，如主要峰点、膝部折点、驼峰及鱼背点等。

②由于单向调压塔在设计上主要考虑如何消除水击发生时产生的空腔，当正压波来临后，安装单向调压塔点仍会产生升压，因此单向调压塔应于超压泄压阀相配合使用，来达

到防止断流以及防止管道升压的目的。

③注水管上的止回阀只允许塔中水流注入主干管中，它是本设备的核心部件，其准确而及时的启闭必须切实得到保证。

④在北方冬季要注意防止冰冻损坏，为此，在水箱底部设置排空管将水箱排空或采取其他防冻措施；在南方要注意防水质变坏问题。

5.1.1.5　气压罐

国外应用气压罐较广泛，尤其是英国。假想在靠近水泵出水管的地方有一个压力源，并且这个压力源无限大。在初始情况下，可以认为压力源与管道相接的位置压强与管道内的压强相等。那么，当水泵断电不能供压之后，止回阀关闭。然后压力源就源源不断向管道供压。因此，管线的压强几乎不会有任何变化，所以就不可能会发生水击。气压罐一般体积较大，且需配装空气压缩机等机电控制设备，运行管理不便（图5.8）。

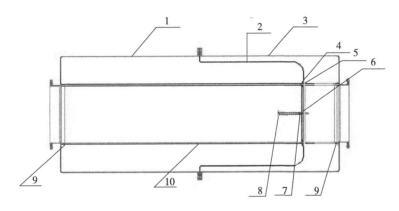

图 5.8　气压罐结构图

1—前罐体；2—膜片；3—后罐体；4—膜片前压环；5—膜片后压环；6—盖板；7—弹簧；

8—弹簧导杆；9—导向杆架；10—导向杆

5.1.1.6　其他弥合水击防护设备

（1）空气罐。

空气罐是利用罐内空气的可压缩性来调节和储存水量并使之保持所需压力的，所以又叫气压给水设备，其作用相当于水塔和高位水池[38]。空气罐的供水压力是借罐内压缩空气维持的，因此，罐体的安装高度可以不受限制。再加上这种设备投资较少，建设速度快，容易拆迁，灵活性大，自动化程度高，很适宜用于水源充足、供电正常的中小村庄供水。但其调节水量小，压力衰减快，机泵启动频繁，运行费用高，不适宜用水量大和要求压力稳定的用户。

空气罐一般安装在配水泵与管网之间。水泵启动后，即向管网供水，多余的水则储存至罐内，并使罐内水位上升，罐内空气受到压缩，压力随之增高。当罐内压力达到所规定的上限压力值时，由管道与罐顶部相连通的电接点压力表的指标接通上限触点，发出信号，切断电源，停泵。用户继续用水，罐内压缩空气将罐内的水压入管网，水位下降，罐内空气压力也随之下降。当降至所要求的下限压力值时，电接点压力表的指标即接通下限触点，继电器动作，电动机与电源接通、水泵重新启动工作。正常情况下，水泵可在无人控制的情况下工作，并可根据用水量的变化，自行调整水泵开停次数与工作时间，保证向管网连续供水。

空气罐有补气式和隔膜式两种类型。补气式空气罐中空气与水直接接触，经过一段时间后，空气因漏失和溶解于水而减少，使调节水量逐渐减少。水泵启动渐趋频繁，因此需定期补气。补气方法有空气压缩机补气、水射器补气和定期泄空补气等。隔膜式空气罐气水分开，水在橡胶（塑料）囊内部，外部与罐体之间的间隙预充惰性气体，一般可充氮气。这种空气罐没有气溶与水的损失问题，可一次充气，长期使用，不必设置空气压缩机。因此，节省了投资，简化了系统，扩大了使用范围。

国内适用经验不多，但在国外，比如英国，适用比较广泛。常用于当设备的流量较小，或者扬程较高时，控制压力的变化范围比较大的情况下。

（2）取消普通止回阀。

在实际的工程中，取消止回阀的优点是可以降低水泵正常运行时的电耗；缺点是若取水泵站远离净水厂，且当地电源又不稳定时，断电后会造成大量原水浪费，或有可能出现长管路中水柱分离现象。此法仅适用于低扬程非并联的泵系统。

（3）爆破膜片。

泵站压水管路上装设金属爆破膜片（铝质片等），当管路中由于水击升压超过预定值时，膜片自动爆破，水流外泄，起到泄水降压的消除水击效果。

爆破膜片在水击防护中的优点：结构比较简单，而且拆装方便，成本比较低廉；它的缺点：由于现在没有固定生产膜片的厂家，通常现场制作的膜片因受到材质或者膜片的固定方式等其他影响，其额定爆破压力值准确确定变得十分困难。因此在工程实践中爆破膜片并不常见，但是其可以作为水击防护措施中的一种后备保护来考虑。

5.1.1.7 弥合水击综合防护设备的选用原则

（1）水击防护设备的选用，应与实际工程的泵站及管路系统安全性的要求及技术管理水平相适应，以经济合理、安全可靠、管理维修方便为总目标。

（2）应以预防为主，应将水击综合防护设备的设计提前到泵站及管路系统的设计阶段，在工程设计阶段应尽量避免可能引起弥合水击的各种诱因，即使水击的发生不可避免，也要给出相应的解决方案，而不是在泵管系统的运行阶段遭遇水击破坏后再添加防护措施。

（3）水击综合防护设备的选择和使用要具体工况具体分析，特别是针对复杂的泵管系统中，建议采用综合性水击防护设备来提高管路系统的总体防护效果，使水击防护更加安全可靠；必须事先利用计算机对每个方案进行数值模拟，根据所得计算结果分析对比各个综合防护方案的防护效果，选择最安全可靠、经济适用的综合防护措施。

几种防护设备的对比见表5.2。

表5.2　几种防护设备的对比

防护设备	安装位置	作用	特点	适用范围
两阶段缓闭蝶阀	泵出口	防止普通水击	须与整个水击综合防护措施融合在一起考虑	输水、输油管道
空气阀	管线最高点、局部凸起点、变坡点、大坡度长距离上升段	防止弥合水击、防止普通水击	对选用技术有很高的要求	输水、输油管道
超压泄压阀	泵出口	防止普通水击	在长输管线中较为常见	输水、输油管道
箱式调压塔、双向调压塔	一般在泵站附近或者管道的合适位置处	防止弥合水击、防止普通水击	广泛应用于长距离输水管线	输水管道
单向调压塔	易产生水柱分离的峰点、膝点、驼峰以及鱼背等地方	防止弥合水击	广泛应用于长距离输水管线	输水管道
空气罐	泵进出口附近	防止普通水击	其调节水量小，压力衰减快，机泵启动频繁，运行费用高，不适宜用水量大和要求压力稳定的用户	输水管道
爆破膜片	泵站压水管路	防止普通水击	工程实践中爆破膜片并不常见，其可以作为水击防护的措施中的一种后备保护来考虑	输水管道

5.1.2　管道常用水击防护措施

（1）管道增强保护。

管道增强保护是当管道各处的设计强度能承受无任何保护措施条件下水击所产生的最高压力时，则不必为管道采取保护措施。小口径管道的强度往往具有相当裕量，能够承受水击的最高压力。但随着输油管道高压化、大口径化发展趋势，单纯地靠加强管道强度来抵抗水击的危害已经是不经济而且不可行的。

（2）超前保护。

超前保护是在产生水击时，由管道控制中心迅速向上、下游泵站发出指令，上、下游泵站立即采取相应保护动作，产生一个与传来的水击压力波相反的扰动。两波相遇后，抵消部分水击压力波，以避免对管道造成危害。超前保护是建立在管道高度自动化基础之上的一项自动保护技术。

一般泵站的出站端设置调节阀，用于调节流量和调节管道水击过程中管道系统的压力波动，防止管道进站压力过低和出站压力过高，维持管道的正常运行。

管道系统中的调节阀是一种阻力可变的截流元件，通过改变阀门的开度，改变管道系统的工作特性，实现调节流量、改变压力的目的。当出站压力高于限定值时，调节阀向关闭方向动作，使出站压力下降；当进站压力低于限定值时，调节阀同样向关闭方向动作，使进站压力升高；管道的进出站压力均未超出限定值时，调节阀保持全开状态。

（3）泄放保护。

泄放保护是在管道的一定地点安装专用的泄放阀，当出现水击高压波时，通过阀门从管道中泄放出一定数量的液体，从而削弱高压波，防止水击造成危害。泄放阀设置在可能产生高压波的地点，即首站和中间泵站的出站端、中间泵站和末站的入口端。

（4）回流保护。

回流保护是在泵站主泵的进出口之间可设置回流线，用于进站压力超低限的保护，回流线可以调整进站压力，维持离心泵正常工作。

（5）严格执行操作规程。

防止或减少因设备误操作及设备故障引起的水击。

根据水击防护措施的工作原理，把常用的弥合水击防护措施分为以下四类：

一是合理选择阀门种类，利用阀门对管路压力和流量进行调节和控制。阀门适当的开启和关闭可以减小管路中液体流速的变化率梯度，对于重要的管路系统的阀门的开启和关闭历时必须通过计算机数值模拟进行分析和多个方案对比后确定。这类型的设备有两阶段关闭的可控阀（蝶阀）或各种形式的缓闭止回阀。

二是注液补液或注空气稳压，避免因减压波传播造成的液柱分离形成较大的空腔，从而达到控制管路系统中水击压力振荡的目的，既可以避免因液柱分离造成压力过低，又能够通过控制形成的空腔长度从而达到缓冲弥合水击升压的目的。这种类型的设备有空气阀、空气罐、双向调压塔、单向调压塔等。

三是泄液降压，这种防护方法是基于缓冲液柱弥合时的水击升压的原理，避免空腔瞬时溃灭时的水击升压过大。这种类型的有防爆膜、设置旁通管、停泵水击消除器等。

四是其他类型防护措施，例如选用转动惯量较大的泵机组等防护措施。在长输管路系统中还可以根据水击防护对象的不同，把水击防护措施分为泵站的水击防护措施和管线的水击防护措施等，弥合水击的综合防护措施的选择和应用要针对实际工程具体问题具体分析。

5.2 山地输油管道投产过程水击防护

局部充水管道投产时并非水流直接充满管道，气体即被完全推走，而是要经历层状流、波状流、气团流及段塞流等状态，在特殊情况及部位有时会产生泡沫流和环状流，但最终的流态都将是段塞流。在投产过程中，气体以众多相互独立的大气囊形式分散存在于管道内。有时管路内的气团在较低流速时移动很慢，甚至不移动，这就造成在管路首次充水后的很长时间内管路存有大量气体（气囊），而在加大流速提高流量后，此部分气体以气囊形式或者气囊破碎成气泡的形式顺着水流向下游运动，就会在管道的高点附近造成大量气体的聚集。一旦产生弥合水击将会导致很大的破坏，因此要采取排气措施进行排气。

5.2.1 水力排气

随着低洼处液塞的生长，下坡积气段逐渐被压缩，长度逐渐缩短，下坡段内流型为单一长段塞流，即仅有一个段塞单元的段塞流流动[39]。随着液塞的继续生长，由于气塞尾部形成液流涡旋以及附壁射流，这些紊流会在积气段尾部裹挟出小气泡，即积气段尾部开始发生破碎。长的积气段将从尾部开始慢慢破碎成小气泡，破碎出的小气泡不断进入下游满管流动的液塞中，积气段尾部和液塞接触处的液流由于吸入大量破碎出的小气泡而形成"含气液塞"。这种由于气液相在管道中附壁射流和剪切作用，积气段尾部气相被迫以气泡的形式"裹挟"进液相的气相传递方式，可称之为"水力排气"。"水力排气"属于被动排气方式，是自发形成，且不可阻止的。

5.2.2 清管器排气

在连续起伏管道投产过程中，清管器推气技术是一种重要的推气方法，因为清管器推气属于可在投产运行中的实施排气方法，所以清管器推气技术不需要中断投产过程，且其具有应用成本低、推气效果好的特点[40]。由于需要尽量使清管器避免进入气液混合区，让清管器在液相区中较为稳定运移，在清管器发球之前需对水头位置进行判定。在水头出站一定距离后，泵站方可考虑进行发球，进行清管器推气。

5.2.3 高点排气

高点排气技术不同于清管器推气技术，它是一种直接将积气开孔排出管外的排气方法。此外，两者最大的不同还在于高点排气需要要求全线进行停输，是一种管道非运行时的排气方法[41]。

高点排气技术相对于清管器排气来说，拥有以下特点：排气效率高，排气时间短，排气程度可控；同时，其对停输工况的要求也导致了这种排气技术排气成本高的特点。此外，高点排气技术还有以下特点：在投产之前，对于排气点的选址布置；投产过程中，开阀排气依赖于人为操作和现场经验，这对于实现高点排气应用无人化，山区管道投产智能化都造成了不小的阻碍。所以，高点排气技术的应用应该从投产全局的角度出发，结合投产中气相的运移及变化特点，以及全线压力变化特点，在必要时启用，否则多次的停输会大大增加投产过程中的人力物力成本，以及延长投产工期。

高点排气主要采取管道开孔方式，应注意以下问题：

（1）在连续起伏管道投产前，应根据实际地形确定开孔排气位置。临时排气点的布置方案应根据水力计算结果尽可能少地设置临时排气点位。

（2）宜采取部分高点临时开孔的方法进行高点排气，高点开孔位置应根据详细的水力计算算出，宜在高点下游 50 ~ 500m 的位置，并保证其位置有操作空间。

（3）排气工作完成后，应永久封堵排气孔。

（4）排气操作采用动态排气方法，见水后立即关闭排气阀，停止排气。水头越过排气点后，宜进行间歇性排气。

（5）在进行排气操作时应采取相应安全措施，防止人身伤害事故发生。

5.2.4　管段充水下游建立背压后排气

为了尽可能多地排出干线管段气体，使干线气体不进入站场，适当分段建立背压，适时切换站内流程，使水充分填充管道达到排气目的[42]。管道填充采用每个站间距进行填充，下游站的出站阀关死，当进行上游站到下游站之间填充时，从两个站间的阀室和下游站的两处站内高点进行排气。当此站间距的高点见水后，确认此站间距已填充满，下游站开始用全越站的进口阀控制背压向下游填充，以此类推直到末站。此方法主要适用于地形起伏、大落差输油管道排除管内气体。

5.2.5　站场排气

与清管器排气和高点排气相比，站场排气的方式最为高效和直接，所需要耗费的成本也相对较低，并且不需要停输就能够随时进行。基于站场排气的以上特点，对站场外接管道排气提出以下要求与建议：

（1）站场宜设置临时排水管线及控制阀门，将含气来流排出。

（2）在阀门和站点内高点处增设排气阀，确保充水过程管内积气能够有效排出。

（3）在完成污水排放工作后，拆除排水临时设施并作相应处理。

（4）污水排放完成后，待排水蒸发完毕，应及时清理现场杂物，恢复原来地形地貌。

（5）投产过程中，应在临时管线直管段处添加对称约束；在弯管段两端优先使用固定约束，条件有限也可使用垂直约束方式；站内管道属于非埋地管道，因此在排放带有压力气段的水流时，会在流固耦合作用下，产生振动，振动的强度受管材参数和流体参数的共同作用。因此，需要对排气过程进行仿真模拟，通过仿真模拟分析站内管道的振动特性，依据现场条件，对管道进行合理的支撑约束和优化控制。

（6）在选取排水管线规格时，应选择直径相对较大、管材弹性模量相对较大的管材，从而避免管道发生共振。管材选取应参照 GB 50253—2014《输油管道工程设计规范》中的规定。

5.3　山地输油管道运行过程水击防护

针对前文模拟可知，当干线阀门突然关闭或事故停泵会使得高点 1、高点 3、高点 6 持续低压，油品相变产生气体，使得液柱分离，进而导致弥合水击，因此本节对高点采用高点排气措施进行弥合水击防护模拟。

由于高点 1 安装排气阀对高点 1 的低压防护情况较好，因此考虑对高点 1、高点 3、高点 6 均安装单向排气阀进行模拟。

J107 阀门关闭：

（1）当 J107 阀门突然关闭时，高点 1 处的压力变化如图 5.9 所示。

（2）当 J107 阀门突然关闭时，高点 2 处的压力变化如图 5.10 所示。

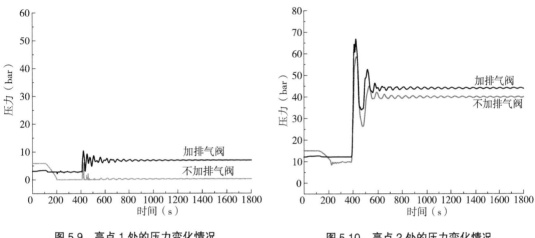

图 5.9　高点 1 处的压力变化情况　　　图 5.10　高点 2 处的压力变化情况

由以上模拟可知，高点 1、高点 3、高点 6 安装排气阀后，三处高点均无低压情况，低压防护情况较好。

5.4　山地输油管道投产过程弥合水击防护

投产过程弥合水击防护分为投产前和投产中两部分。

（1）投产前。

①可在站场的临时排水管线、收发球筒排气阀、过滤器排气阀、泵排气管路等设置排气点排气，在阀室接临时排气管线排气，依据复杂地形特点，在线路高处合理设置排气口，特别是大落差管段区域，需要重点布设。

②基于各泵站以及阀室的布置位置，合理地安排清管器收发球筒布置位置，使得清管器能够顺利地运行并进行排气过程。

（2）投产中。

①启泵前、充液的同时要利用泵上的排气阀门进行排气操作，启动正常后要关闭排气阀门。为充分排除泵内产生的气体，可适当延长排气阀门开启的时间，待设备稳定后再关闭。

②依靠水力排气，使得管内积气不断地、较慢地一直往外运移。

③在遇到较大落差的管段时，这些下坡段易形成长的积气段，且水力排气不能及时地将这些积气排出，此时需要应用提前布置好的清管器，在水头越站后数十千米且水头翻越高点后进行投放，以达到平稳推气的作用。

④在以上三个排气方法都应用后，如果积气仍然大量存在，且上游出站压力持续上升至较高值时，需要考虑应用高点停输排气法，即全线紧急停输，随后打开高点排气阀，使得积气从排气阀排出。待排气阀见水后，关阀，并对管线进行再启动，重新开始投产过程。

5.5 山地输油管道运行过程弥合水击防护

（1）操作运行中缓慢启闭阀门以延长阀门启闭时间，避免产生直接水击并可降低间接水击压力。

（2）合理控制运行参数，防止高点压力过小。

（3）严格执行操作规程，防止或减少因设备误操作及设备故障引起的水击。

（4）定期检修维护高点排气阀。

（5）停输时监控高点前站场的出口压力，若出口压力下降 0.86 ～ 1.05MPa，则表明高点处的气体已经大量聚集，再启动过程中应保证操作平稳，避免诱发弥合水击。

参考文献

[1] 贾文龙，李长俊，吴瑕，等. 输油管道液柱分离模拟 [J]. 西安石油大学学报（自然科学版），2010，25（3）：52–55，88，111.

[2] 贾文龙. 天然气液烃输送管网仿真理论与技术研究 [D]. 成都：西南石油大学，2014.

[3] 宫敬，严大凡. 大落差管道下坡段不满流流动的瞬态分析 [J]. 抚顺石油学院学报，1996，16（4）：45–50.

[4] BERGANT A, SIMPSON A R, TIJSSELING A S. Water hammer with column separation: A historical review [J]. Journal of Fluids and Structures, 2006, 22(2): 135–171.

[5] HADJ–TAïEB L, HADJ–TAïEB E. Modelling vapour cavitation in pipes with fluid‒structure interaction [J]. International Journal of Modelling and Simulation, 2015, 29(3): 263–270.

[6] KESSAL M, AMAOUCHE M. Numerical simulation of transient vaporous and gaseous cavitation in pipelines [J]. International Journal of Numerical Methods for Heat & Fluid Flow, 2001, 11(2): 121–138.

[7] HADJ‒TAIEB E, LILI T. Transient flow of homogeneous gas‒liquid mixtures in pipelines [J]. International Journal of Numerical Methods for Heat & Fluid Flow, 1998, 8(3): 350–368.

[8] KESSAL M, BENNACER R. A new gas release model for a homogeneous liquid‒gas mixture flow in pipelines [J]. International Journal of Pressure Vessels and Piping, 2005, 82(9): 713–721.

[9] LEMA M, PEñA F L, RAMBAUD P, et al. Fluid hammer with gas desorption in a liquid–filling tube: experiments with three different liquids [J]. Experiments in Fluids, 2015, 56(9): 1–12.

[10] PEZZINGA G. Second viscosity in transient cavitating pipe flows [J]. Journal of Hydraulic Research, 2010, 41(6): 656–665.

[11] PEZZINGA G, SANTORO V C. Unitary Framework for hydraulic mathematical models of transient cavitation in pipes: numerical analysis of 1D and 2D flow [J]. Journal of Hydraulic Engineering, 2018, 144(5).

[12] BERGANT A, KARADZIC M, VITKOVSKY J P, et al. A discrete gas–cavity model that considers the frictional effects of unsteady pipe flow [J]. Stronjniski Vestnik–Journal of Mechanical Engineering, 2005, 51: 692–710.

[13] BERGANT A, TIJSSELING A S, VITKOVSKY J P, et al. Discrete vapour cavity model with improved timing of opening and collapse of cavities [C]. 2nd IAHR International Meeting of the Work

Group on Cavitation and Dynamic Problems in Hydraulic Machinery and Systems, 2007: 117–128.

[14] BERGANT A, SIMPSON A R. Estimating unsteady friction in transient cavitating pipe flow [C]. 2nd International Conference on Water Pipeline Systems, 1994: 3–15.

[15] 蒋明, 雍歧卫, 李旭东. 伴有液柱分离的管道气液两相流动分析方法 [J]. 油气储运, 2005, 24 (1): 61–64.

[16] 吕坤. 两种水力过渡计算模型的水锤防护比较 [J]. 价值工程, 2012, 31 (21): 105–106.

[17] 于必录. 含气水锤的研究现状及其进展 [J]. 流体工程, 1992 (5): 40–46, 65.

[18] 宫敬, 严大凡, 于达. 管道压力瞬变中的汽化模拟 [J]. 油气储运, 1999 (3): 9–16.

[19] 郑源, 刘德有, 张健, 等. 有压输水管道系统气液两相瞬变流研究综述 [J]. 河海大学学报: 自然科学版, 2002, 30(6): 21–25.

[20] 叶宏开, 何枫. 管路中有气泡时的水锤计算 [J]. 清华大学学报: 自然科学版, 1993, 33 (5): 17–22.

[21] URBANOWICZ K, FIRKOWSKI M. Extended bubble cavitation model to predict water hammer in viscoelastic pipelines [J]. Journal of Physics: Conference Series, 2018.

[22] 于必录. 用拉克斯—温得罗夫法（Lax–Wendroff）解汽泡状气—液两相流问题 [J]. 流体工程, 1984 (8): 20–25, 65.

[23] 于必录. 用特征线法解汽泡状气—液两相流中流体过渡问题 [J]. 流体工程, 1984 (7): 1–6, 65.

[24] 刘光临, 匡许衡. 考虑管道中水流气体释放的事故停泵水锤计算分析 [J]. 武汉水利电力大学学报, 1998 (6): 2–7.

[25] 蒋劲, 刘光临, 梁柱, 等. 气穴瞬变流基本方程特征根问题研究 [J]. 华中理工大学学报, 1997 (8): 9, 101–103.

[26] 濮芸辉, 刘艳升, 沈复, 等. 全馏程实沸点蒸馏曲线数学模型 [J]. 炼油设计, 1999 (6): 53–55.

[27] 仇汝臣, 孔锐睿, 袁希钢. 原油实沸点蒸馏曲线的数学模型 [J]. 计算机与应用化学, 2008 (3): 365–368.

[28] BARSKAYA E E, GANEEVA Y M, YUSUPOVA T N, et al. Features of the composition and properties of crude oil from the Bavly oil field of the Volga–Ural oil and gas province [J]. Petroleum Science and Technology, 2018, 36(23): 2011–2016.

[29] WYLIE E B, STREETER V L, SUO L. Fluid transients in systems [M]. Englewood Cliffs,NJ: Prentice Hall, 1993.

[30] C. K. Gas release during transient cavitation in pipes [J]. Journal of Hydraulic division, 1974, 100(10): 1383–1398.

[31] BERGANT A, SIMPSON A R. Pipeline column separation flow regimes [J]. Journal of Hydraulic Engineering, 1999, 125(8): 835–848.

[32] SIMPSON A R, BERGANT A. Numerical comparison of pipe–column–separation models [J]. Journal of Hydraulic Engineering, 1994, 120(3): 361–377.

[33] WYLIE E B. Simulation of vaporous and gaseous cavitation [J]. Journal of Fluids Engineering, 1984, 106(3): 307–311.

[34] STREETER V L, WYLIE E B. Hydraulic transients [M]. New York: McGraw–Hill Book Company, 1967.

[35] 葛光环，寇坤，张军，等.断流弥合水锤最优防护措施的比较与分析 [J].中国给水排水，2015，31（1）：52–55，60.

[36] 刘君，段宏江，兰刚，等.有局部高点的长距离高扬程输水系统水锤防护研究 [J].给水排水，2014，50（S1）：359–362.

[37] 翟翠婷.高扬程多起伏长距离压力输水管道水锤防护特点研究 [D].西安：长安大学，2014.

[38] 邓安利，蒋劲，兰刚，等.长距离输水工程停泵水锤的空气罐防护特性 [J].武汉大学学报：工学版，2015，48（3）：402–406.

[39] 李岩松，韩东，丁鼎倩，等.大落差成品油管道水联运投产全过程模拟 [J].油气储运，2018，37（12）：1368–1375.

[40] 刘静，徐燕萍，李岩松，等.贵渝成品油管道充水扫线问题分析及处理 [J].辽宁石油化工大学学报，2016，36（6）：24–28.

[41] 刘超，郭晓磊，鞠世雄，等.管道积气对投产的影响及应对措施 [J].石油规划设计，2018，29（6）：24–26，46.

[42] 邱姝娟，宫敬，闵希华，等.西部原油成品油管道的投产方式 [J].石油工程建设，2011，37（3）：35–38，85.